世界一美しい数式「$e^{i\pi}=-1$」を証明する

文系編集者がわかるまで書き直した

佐藤敏明

$e^{i\pi}=-1$

日本能率協会マネジメントセンター

はじめに

　本書は、世界一美しいといわれる数式「$e^{i\pi} = -1$」を、多くの人に「美しい」と感じてもらうために、わかりやすく解説したものである。
　そのために、次の方針で書き進めた。

❶ 予備知識を前提としない
　多くの読者が知っていると思われる基本的な事柄についても説明し、本書だけで「$e^{i\pi} = -1$」まで理解できるように書いた。そして、この式の美しさを感じていただきたい。

❷ 読者の目線に立って説明する
　編集者は文化系の学部を卒業し、高校以来数学から遠ざかっていたので、原稿を編集者に読んでもらい、疑問点を指摘してもらった。編集者の指摘により何度も書き直しをして、私の説明不足を補うことができた。

❸ 知識の定着を図る
　説明を読んだだけでは、わかったつもりになり理解が浅くなるので、説明のあとに問題をつけた。問題を自ら解くことによって理解が深まり、知識の定着が図られる。ぜひ、鉛筆を持って問題を解くことをお勧めする。解答も各章の最後に丁寧に書いたので、自分で書いた解答と比較して確かめてほしい。

❹「$e^{i\pi} = -1$」の証明に必要な事柄に絞る
　関連事項を説明すると話が複雑になるので、「$e^{i\pi} = -1$」の証明に必要な事柄に絞り込んだ。そして必要な事項については、丁寧に詳しく解説した。

❺ 重要事項の歴史的背景を説明する
　単なる参考書にならないように、また興味が湧くように、重要事項の歴史的背景をできるだけ説明した。

　この方針に従って、本書の各章は次のような構成になっている。

序章では、数学的な美しさについての私見を述べた。この数学的な美しさを本書で体験してもらいたい。さらに、世界一美しい数式「$e^{i\pi}=-1$」の証明の要点を示した。

　第1章では、世界一美しい数式「$e^{i\pi}=-1$」を導き出すために必要な「数」および「関数」の基本的な事項を準備する。

　第2章では、世界一美しい数式「$e^{i\pi}=-1$」を導くために必要なオイラーの公式「$e^{ix}=\cos x+i\sin x$」に出てくる$\sin x$、$\cos x$、そして、$\tan x$の三角関数についてみていく。

　第3章では、オイラーの公式「$e^{ix}=\cos x+i\sin x$」に出てくる指数関数e^{ix}であるが、iがつかない実数xの指数関数$y=a^x$を考える。さらに、指数関数の逆関数である対数関数$y=\log_a x$についても考える。

　第4章では、オイラーの公式「$e^{ix}=\cos x+i\sin x$」を導き出すために必要な「微分」について考える。

　第5章では、まずオイラーの公式「$e^{ix}=\cos x+i\sin x$」を導き、xにπを代入することによって、世界一美しい数式「$e^{i\pi}=-1$」を導く。さらに、この数式の図形的な意味に簡単に触れる。

　各章の難易度は、第1～第4章までは高校程度、第5章は大学初年度程度である。式の変形でやや複雑な部分もあるが、丁寧に解説してあるので、高校卒業後に数学から遠ざかっていた社会人はもちろん、意欲のある中学生、高校生にも必ず理解できる。読者の皆さんが「$e^{i\pi}=-1$」の美しさを実感していただけると、著者として望外な喜びである。

　最後に、本書執筆の機会を与えてくださり、また貴重なご指摘をしてくださった株式会社日本能率協会マネジメントセンターの渡辺敏郎さん、その他ご協力下さいました多くの方に深く感謝いたします。

2019年3月

佐藤　敏明

世界一美しい数式 ◎ 目次

はじめに ……………………………………………………………… 3

序章　数学的な美しさは、数学の世界を垣間見たときに現れる壮大な風景　11

第1章　数と関数　17

1. 自然数から実数へ …………………………………………… 18
   - ●整数と分数を合わせて有理数 …………………………… 18
   - ●無理数の登場 ……………………………………………… 19
2. 累乗根 ………………………………………………………… 21
   - ●ピタゴラスの定理 ………………………………………… 21
   - ●$\sqrt{}$ の計算 …………………………………………… 22
   - ●n乗してaになる数 ……………………………………… 24
3. 数直線 ………………………………………………………… 27
   - ●有限小数と無限小数 ……………………………………… 27
   - ●実数と直線上の点は1対1に対応 ………………………… 29
   - ●絶対値 ……………………………………………………… 30
   - ●数直線上の距離 …………………………………………… 32
   - ●絶対値を含む不等式 ……………………………………… 33
4. 複素数 ………………………………………………………… 34
   - ●虚数の誕生 ………………………………………………… 34
   - ●複素数の相等 ……………………………………………… 35
   - ●複素数の計算 ……………………………………………… 36
   - ●複素数と実数の違い ……………………………………… 39

◉負の数の平方根 …………………………………………………… 39
5 複素数平面 ……………………………………………………………… 40
　　　◉座標平面 …………………………………………………………… 41
　　　◉複素数と平面上の点は1対1に対応する ……………………… 41
　　　◉共役複素数の性質 ………………………………………………… 42
　　　◉複素数の絶対値 …………………………………………………… 43
　　　◉複素数平面上の距離 ……………………………………………… 45
6 関　数 …………………………………………………………………… 45
　　　◉関数とは …………………………………………………………… 45
　　　◉関数を見えるようにしたグラフ ………………………………… 48
7 定数関数・1次関数・2次関数のグラフ ………………………… 48
　　　◉定数関数 …………………………………………………………… 49
　　　◉1次関数 …………………………………………………………… 50
　　　◉2次関数 …………………………………………………………… 51
8 逆関数と合成関数 …………………………………………………… 54
　　　◉逆の対応を表す関数 ……………………………………………… 54
　　　◉独立変数 x に関数を代入 ……………………………………… 56
　　　解答 …………………………………………………………………… 59

第2章　三角関数

1 三角比 …………………………………………………………………… 70
　　　◉三角形の相似 ……………………………………………………… 70
　　　◉相似と三角比 ……………………………………………………… 71
　　　◉三角比の値を求めよう …………………………………………… 73
2 三角比の表 …………………………………………………………… 74
　　　◉三角比の値は表からわかる ……………………………………… 74
　　　◉三角比を測量に利用 ……………………………………………… 75
　　　◉円周率 π の値 …………………………………………………… 76

- ◉ 30°、45°、60°の三角比の値 ……………………………………… 78
- ❸ 三角比から三角関数へ ………………………………………………… 80
  - ◉ 一般角 ………………………………………………………………… 80
  - ◉ 平面を4つの部分に分ける ………………………………………… 83
  - ◉ 三角関数 ……………………………………………………………… 83
  - ◉ 三角関数の正負 ……………………………………………………… 85
  - ◉ 三角関数の値を求める ……………………………………………… 86
- ❹ $y = \sin x$、$y = \cos x$ のグラフ …………………………………… 89
  - ◉ 弧度法 ………………………………………………………………… 89
  - ◉ $y = \sin x$ のグラフ ……………………………………………… 92
  - ◉ $y = \cos x$ のグラフ ……………………………………………… 96
  - ◉ $y = \sin x$、$y = \cos x$ のグラフの特徴 ……………………… 99
- ❺ $\sin \theta$、$\cos \theta$、$\tan \theta$ の関係 ………………………… 101
  - ◉ 三角関数の相互関係 ………………………………………………… 101
  - ◉ 三角関数の性質 ……………………………………………………… 102
  - ◉ 加法定理 ……………………………………………………………… 105
  - ◉ 足し算をかけ算へ …………………………………………………… 109
  - ◉ かけ算を足し算へ …………………………………………………… 110
  - 解答 ……………………………………………………………………… 112

第3章 指数関数・対数関数 …………………………………… 121

- ❶ 指数の拡張 ……………………………………………………………… 122
  - ◉ 0や負の整数の指数 ………………………………………………… 123
  - ◉ 分数の指数 …………………………………………………………… 125
  - ◉ 無理数の指数 ………………………………………………………… 127
- ❷ 指数関数 ………………………………………………………………… 128
  - ◉ 指数関数のグラフ …………………………………………………… 129
  - ◉ 指数関数の性質 ……………………………………………………… 131

3 対　数 ·········· 133
- ●対数を求める ·········· 134
- ●対数の性質 ·········· 135
- ●底の変換公式 ·········· 137
- ●常用対数 ·········· 138

4 対数関数 ·········· 142
- ●対数関数のグラフ ·········· 142
- ●対数関数の性質 ·········· 144
- 解答 ·········· 148

第4章　微分 ·········· 155

1 瞬間速度と微分係数 ·········· 156
- ●瞬間速度 ·········· 156
- ●瞬間速度を関数にあてはめる ·········· 158
- ●微分係数の図形的意味 ·········· 160

2 微分とは ·········· 161
- ●導関数 ·········· 161
- ●微分可能 ·········· 163

3 微分の計算 ·········· 165
- ●x^n の微分 ·········· 166
- ●微分の性質 ·········· 169
- ●合成関数の微分 ·········· 170

4 $\sin x$、$\cos x$ の微分 ·········· 172
- ●$\sin x$ の微分 ·········· 172
- ●$\cos x$ の微分 ·········· 175

5 $y = \log_a x$、$y = a^x$ の微分 ·········· 177
- ●対数関数の微分 ·········· 177
- ●指数関数の微分 ·········· 180

- **6 高次導関数** ··· 182
  - ◉ $y = x^n$ を続けて微分する ··· 182
  - ◉ $y = \sin x$ を続けて微分する ··· 183
  - ◉ $y = \cos x$ を続けて微分する ··· 183
- **7 n 次関数のグラフ** ··· 184
  - ◉ 関数の増減 ··· 184
  - ◉ 関数の極大、極小 ··· 188
  - ◉ 3 次関数のグラフ ··· 188
  - ◉ 4 次以上の関数のグラフ ··· 190
  - 解答 ··· 192

第5章 オイラーの公式　199

- **1 ベキ級数展開** ··· 200
  - ◉ $(1+x)^3$ の展開 ··· 200
  - ◉ $f(x)$ のベキ級数展開 ··· 203
- **2 無限等比数列** ··· 204
  - ◉ 等比数列 ··· 205
  - ◉ 無限級数の和 ··· 208
  - ◉ 無限等比級数の和 ··· 209
- **3 ベキ級数の収束・発散** ··· 213
  - ◉ 収束と発散の具体例 ··· 213
  - ◉ 収束半径 ··· 214
- **4 オイラーの公式** ··· 217
  - ◉ $\sin x$、$\cos x$、e^x のベキ級数展開 ··· 217
  - ◉ e^i（e の i 乗）とは ··· 220
  - ◉ 複素数の世界の指数関数、三角関数 ··· 222
  - ◉ e^z の指数法則 ··· 223
  - ◉ 世界一美しい数式 ··· 225

- ◉ e^zの指数法則と三角関数の加法定理 …………………………………… 226
- ⑤ **複素数平面上の e^{ix}** …………………………………………………… 227
  - ◉ 極形式 ……………………………………………………………………… 228
  - ◉ 世界一美しい数式「$e^{i\pi} = -1$」の図形的な意味 …………………… 230
  - 解答 ………………………………………………………………………… 232

巻末資料
- 三角比の表 ……………………………………………………………………… 240
- 常用対数表 ……………………………………………………………………… 242
- 本書で用いられる主な公式 …………………………………………………… 244

序章

数学的な美しさは、数学の世界を垣間見たときに現れる壮大な風景

数学的な美しさは、数学の世界を垣間見たときに現れる壮大な風景

　風景や造形、色彩の美しさ……。人はそれを見たとき「美しい」と感じる。「美」は人間の感覚に由来した情感だから、「なぜそれを美しいと感じるか」と問われると、明確な答えを述べることは難しい。ただ美しいと感じる、個人的な体験である。

　さて、数学としての「美」は、こうした情感とは少し異なるように思う。それは何かというと、一般的な「美」に対して、「数学の美」の背景には、理解と達成感があるように思うからである。集中してある真理を理解し、それに伴う達成感の中で行き着いた壮大な風景を垣間見たとき、心に湧き上がってくるのが「数学の美」である。「美」は、数学の世界では、崇高で壮大で絶対的な真理があったのだという事実を実感し、それに対する言いようのない驚きと清々しさを表した言葉なのである。

＊

　数学の美として、
$$e^{i\pi} = -1$$
という数式がある。この数式は世界一美しい数式といわれている。

　この式の左辺には、数学にはなくてはならない3つの数 e、i、π がある。この3つの数は、それぞれ独立に発見され、活用されてきた。1つひとつの発見自体が、数学史の中で大きな意味をもつ偉大な数である。

　e は、小数点以下の数字が無限に続く2.718281828……という数を表している。この数をネイピア数という。π はおなじみの円周率で、小数点以下の数字が無限に続く3.141592653……を表している。すなわち、
$$e = 2.718281828……$$
$$\pi = 3.141592653……$$
という数である。ネイピア数を e と表し、円周率 π を広めたのはレオンハ

ルト・オイラー（1707〜1783年）である。

　iは虚数単位という数で、2乗すると-1になる不思議な数である。すなわち、
$$i^2 = -1$$
である。この虚数単位をiと表したのもオイラーである。

　そこで、「$e^{i\pi} = -1$」を具体的な数で表すと、
$$(2.718281828\cdots\cdots)^{i(3.141592653\cdots\cdots)} = -1$$
という不思議な式になる。iという不思議な数を仲立ちとして、$(2.718281828\cdots\cdots)$の$i\cdot(3.141592653\cdots\cdots)$乗が、$-1$という整数に等しくなるという見事な事実が現れる。

＊

　もう少し詳しく、この3つの偉大な数を見ていこう。

　円周率πは、円周の長さLを直径の長さ$2r$で割った比、
$$\pi = \frac{L}{2r}$$
である。すべての円は相似なので、円の大きさにかかわらず、比$\frac{L}{2r}$は一定である。ところが、この定義では、円周の長さがわからないと、円周率πは求められない。そこで、紀元前2000年頃のバビロニア人は、円に内接する多角形の周の長さから円周率を3.125と求めた。古代エジプトでも紀元前1650年頃には円周率を3.16045と求めていることが知られている。

　このように、円周率はかなり古くから求められ、現在は、コンピュータを用いて計算され、小数点以下22兆4000億桁の数値が発表されている（2016年11月現在）。しかし、円周率πは無理数なので、小数点以下に数字が循環せずに無限個続く数である。円周率が無理数であることは、1761年に、ドイツのヨハン・ハインリヒ・ランベルト（1728〜1777年）が証明した。さらに、πが超越数（整数を係数とするn次方程式の解にならない数）であることを、ドイツのフェルディナント・フォン・リンデマン（1852〜1939年）が、1882年に証明した。

　円周率πは円に関する定数であるから、回転運動、振動、波そして量子力学などにはなくてはならない数である。

　次に、ネイピア数eについて見ていこう。17世紀後半に、対数の生みの

親ジョン・ネイピア(1550〜1617年)が、ネイピア数eの逆数$\frac{1}{e}$の近似値を考えていた。しかし、ネイピア自身はネイピア数eそのものは求めていない。ネイピア数そのものを最初に求めたのは、ヤコブ・ベルヌーイ(1654〜1705年)だとされている。ベルヌーイは、1期の利率が1の複利預金で、n期の元利合計$\left(1+\frac{1}{n}\right)^n$が、$n$を限りなく大きくしたとき、ある一定の値に近づくことを示した。その値がネイピア数eであった。すなわち、

$$\lim_{n\to\infty}\left(1+\frac{1}{n}\right)^n = e$$

である(ここで、$\lim_{n\to\infty}$は自然数nを無限に大きくすることを表している)。

そして、オイラーが、対数関数の導関数を求める過程で、

$$\lim_{h\to 0}(1+h)^{\frac{1}{h}} = e$$

となるネイピア数を見出した($\lim_{h\to 0}$は実数hを限りなく0に近づけることを表している)。

そこで、eを自然対数の底ということもある。また、eがπと同じように超越数であることを、1873年にシャルル・エルミート(1822〜1901年)が示した。

ネイピア数eの最大の特徴は、eを底とする指数関数$y=e^x$をxで微分しても、$y'=e^x$と変わらないことである。このような性質をもつ関数は、指数関数$y=e^x$以外にはない。さまざまな自然現象は、微分方程式で表される。微分方程式を解くことによって、自然現象が解明される。この微分方程式を解くためになくてはならない関数が指数関数$y=e^x$である。

最後に虚数単位iである。16世紀になって、一般の3次方程式が解かれるようになった。その解法の中で、2乗して負になる数を計算する必要に迫られた。ミラノのジェロラモ・カルダーノ(1501〜1576年)の著書の中に、2乗して-15になる数$\sqrt{-15}$が出てくるが、その真価を知っていたとはいえない。18世紀になりオイラーは虚数単位をiで表し、その基本的な意義を認識していた。そして、1831年、ガウスは$a+bi(a, b$は実数$)$を複素数と名付け、平面上の1点と対応づけた。これにより、虚数単位iは「数」として認められるようになった。

現在では、虚数単位iは、量子力学の中で本質的な役割を果たしている。

＊

　このように、一見独立しているように見える3つの数e、π、iが「$e^{i\pi} = -1$」というシンプルな数式によって関連付けられていた。それを知ったときに、人は言いようのない奥深い真理を感じ、それを「美しい」と表現する。

　また、それを証明する過程で、1つひとつの真理を積み上げていき、最後に一気に「$e^{i\pi} = -1$」というシンプルな数式に行き着いたとき、人はそれを「美しい」と表現する。

＊

　その美しさの一端を見てみよう。

　三角関数と指数関数は、微分を繰り返し用いることによって「無限個のx^nの項の和」として表される。それは、

$$\sin x = x - \frac{1}{3!}x^3 + \frac{1}{5!}x^5 - \frac{1}{7!}x^7 + \cdots\cdots + \frac{(-1)^n}{(2n+1)!}x^{2n+1} + \cdots\cdots$$

$$\cos x = 1 - \frac{1}{2!}x^2 + \frac{1}{4!}x^4 - \frac{1}{6!}x^6 + \cdots\cdots + \frac{(-1)^n}{(2n)!}x^{2n} + \cdots\cdots$$

$$e^x = 1 + \frac{1}{1!}x + \frac{1}{2!}x^2 + \frac{1}{3!}x^3 + \cdots\cdots + \frac{1}{n!}x^n + \cdots\cdots$$

である。

　ここで、e^xのxをixに置き換え、$\sin x$にiをかけ算し、$i^2 = -1$であることを考慮しながら、3式を書き並べると、

$$e^{ix} = 1 + ix - \frac{1}{2!}x^2 - \frac{1}{3!}ix^3 + \frac{1}{4!}x^4 + \frac{1}{5!}ix^5 - \cdots\cdots$$

$$\cos x = 1 \qquad - \frac{1}{2!}x^2 \qquad + \frac{1}{4!}x^4 \qquad - \cdots\cdots$$

$$i\sin x = \qquad ix \qquad - \frac{1}{3!}ix^3 \qquad + \frac{1}{5!}ix^5 - \cdots\cdots$$

となる。

　このように並べてみると、e^{ix}のベキ級数展開の1つおきの項が$\cos x$、$i\sin x$のベキ級数展開の項と等しくなることがわかる。

　このことから、

$$e^{ix} = \cos x + i\sin x$$

数学的な美しさは、数学の世界を垣間見たときに現れる壮大な風景

が求められる。これを、オイラーの公式という。

そこで、このオイラーの公式に$x=\pi$を代入すると、
$$e^{i\pi} = \cos\pi + i\sin\pi$$
$\cos\pi = -1$、$\sin\pi = 0$であるから、
$$e^{i\pi} = -1$$
が導かれる。これが、世界一美しい数式といわれる式である。

＊

世に言う風景や造形、色彩の美しさは、人によって個人差があるだろう。しかし、数学の世界を垣間見たすべての人が、「$e^{i\pi} = -1$」を「美しい」と表現する。これは、人間の奥底に真理を求める心があって、先達たちが築き上げてきた知的な数学のテクニックを駆使することで「$e^{i\pi} = -1$」が導かれ、その結果と過程に対して「美しい」と感じるのである。

＊

「$e^{i\pi} = -1$」を導き出すためには、「実数」や「虚数」の知識を基礎とし、「三角関数」「指数関数」「対数関数」「微分」「ベキ級数」と多岐にわたるテクニックが必要となる。しかし、それぞれの分野のごく入門的な基礎を学ぶだけで、「$e^{i\pi} = -1$」を証明することができる。

皆さんには、その美しさを実感いただき、自らの知識とテクニックにより「$e^{i\pi} = -1$」の証明を体感し、感動を得てもらいたい。本書を閉じるときには、必ず「美しい」と感じることができるだろう。そして、本書を丁寧に読み込んでいけば、それは必ず手にすることができる「美」なのである。

第 1 章
数と関数

世界一美しい数式
$$e^{i\pi} = -1$$
を導き出すために必要な数および関数の基本的な知識を身につける。

本章の流れ

1. 自然数から実数までの数の発展の歴史を簡単にたどる
2. 2 乗して a になる正の実数 $\sqrt{a}$ の性質や計算方法を学び、さらに n 乗して a になる n 乗根 $\sqrt[n]{a}$ についても調べる
3. 実数が直線上の点と 1 対 1 に対応することを示す。そこで、絶対値 $|a|$ を定義し、絶対値の性質について調べる
4. 数と方程式の関係を調べ、方程式が解けるように虚数単位 i を定義し、i を用いて虚数を表示する。実数と虚数を合わせて複素数というが、この複素数について調べる
5. 複素数と平面上の点が 1 対 1 に対応することを示し、実数と同じように複素数を視覚的に捉える。そこで、絶対値 $|z|$ を定義し、実数と同じ性質があることをみていく
6. 関数についての基本的なことを調べ、関数を目で見るためにグラフを考える
7. 基本的な関数として、定数関数、1 次関数、2 次関数を調べ、そのグラフを描く
8. 関数の対応関係を逆にする逆関数、2 つの関数を組み合わせてつくる合成関数について調べる

これから、世界一美しい数式
$$e^{i\pi} = -1 \tag{1.1}$$
を求める旅に出よう。(1.1)の右辺の−1を移項して、
$$e^{i\pi} + 1 = 0 \tag{1.2}$$
と変形すると、数学で重要な5つの数0、1、π、e、iが現れる。0と1は整数、πとeは無理数、iは虚数といわれる数である。

このように、ひと言に数といってもいろいろな種類がある。そこで、まずはじめに数について調べる。

次に、世界一美しい数式を導くためには、オイラーの公式
$$e^{ix} = \cos x + i \sin x$$
が必要である。この式の中には、三角関数$\sin x$、$\cos x$と指数関数e^{ix}が含まれているので、関数の基本について調べる。

1 自然数から実数へ

◉ 整数と分数を合わせて有理数

人類がはじめて出会った数は、モノを数えるための1、2、3、……という数である。これを**自然数**という。

次に出会ったのは、モノを2等分、3等分するなどのように、分けるときに使われる**分数**であった。この2種類の数は、紀元前2000年の頃からエジプトやバビロニアですでに使われていた。

ところが、−1、−2、−3、……などのような負の数や0は、古代エジプトはおろか古代ギリシアでも考えられてはいなかった。負の数が登場するのは、5世紀頃のインドである。図1.1のように、プラスの数とマイナスの数との間の関係を「財産」と「負債」との観念に結びつけて表し、ある方向の相反するものを表すとした。

0も負の数と同じ頃、インドで使われ始めた。この「0の発見」は「すべての数学的発見中、これほど知性の一般的発展に貢献したものはない」

といわれている。

　このようにして、……、-3、-2、-1、0、1、2、3、……なる数が出そろった。このような数を**整数**といい、整数と分数を合わせて**有理数**という。つまり、有理数とは、$\frac{m}{n}$（m、nは整数で、$n \neq 0$、$n = 1$の場合も含む）で表せる数のことである。

　ところが、紀元前500年頃のギリシア人は、有理数でない数を発見したのである。

● 無理数の登場

　それでは、有理数でない数とは、どのような数であろうか？　2乗して4になる数は、2と-2の2つある。これらの数を4の**平方根**という。たとえば、9の平方根は3と-3である。

　では、「2乗して2になる数とはどのような数」なのだろうか。1の2乗は1であるし、2の2乗は4なので、2乗して2になる数は整数の中にはない。

　そこで、どのような数になるかわからないので、図1.2のように、2乗して2になる正の数を$\sqrt{2}$（ルート2と読む）と書くことにする。したがって、2の平方根は、$\sqrt{2}$と$-\sqrt{2}$である。

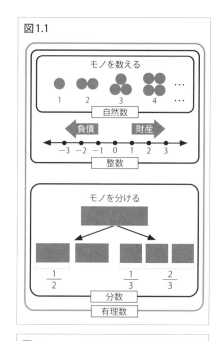

図1.1

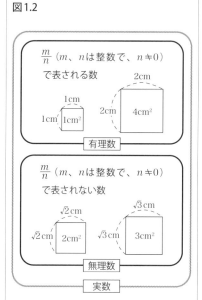

図1.2

では、この$\sqrt{2}$は有理数だろうか？ 残念ながら「$\sqrt{2}$は有理数ではない。すなわち、$\sqrt{2}$は$\dfrac{m}{n}$（m、nは整数で$n \neq 0$）と表すことができない」ということを、紀元前500年頃のギリシアのピタゴラス学派の人が証明したのである。

その証明は「**背理法**」と呼ばれる方法で行われた。その証明を図1.3に示す。背理法とは、「結論が間違っていると仮定すると、どこかで不都合なことが起きる。その原因は、結論が間違っていると仮定したことにある。よって、結論は正しい」と証明する方法である。

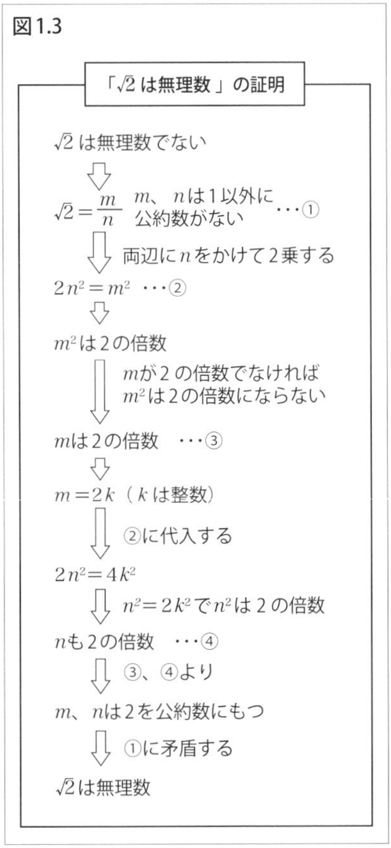

このようにして、有理数でない数があることがわかった。同じように、背理法を用いて$\sqrt{3}$、$\sqrt{5}$、円周率π、ネイピア数eなども無理数であることが証明できる。

図1.3

「$\sqrt{2}$は無理数」の証明

$\sqrt{2}$は無理数でない
⇓
$\sqrt{2} = \dfrac{m}{n}$　m、nは1以外に公約数がない　…①
⇓ 両辺にnをかけて2乗する
$2n^2 = m^2$ …②
⇓
m^2は2の倍数
⇓ mが2の倍数でなければm^2は2の倍数にならない
mは2の倍数　…③
⇓
$m = 2k$　（kは整数）
⇓ ②に代入する
$2n^2 = 4k^2$
⇓ $n^2 = 2k^2$でn^2は2の倍数
nも2の倍数　…④
⇓ ③、④より
m、nは2を公約数にもつ
⇓ ①に矛盾する
$\sqrt{2}$は無理数

有理数と無理数を合わせて**実数**という。これらの数をまとめると図1.4のようになる。

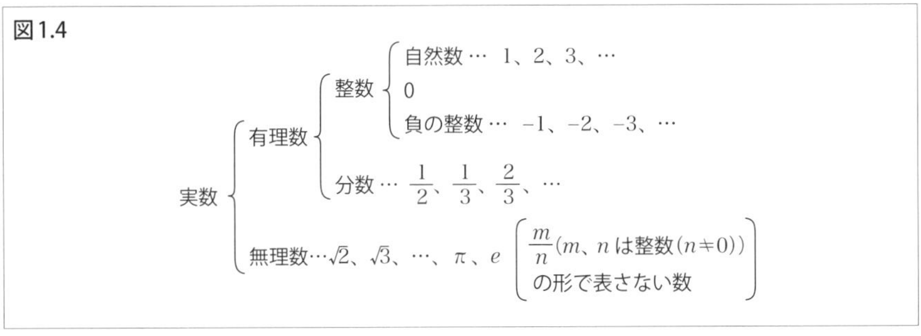

図1.4

実数
- 有理数
  - 整数
    - 自然数 … 1、2、3、…
    - 0
    - 負の整数 … −1、−2、−3、…
  - 分数 … $\dfrac{1}{2}$、$\dfrac{1}{3}$、$\dfrac{2}{3}$、…
- 無理数 … $\sqrt{2}$、$\sqrt{3}$、…、π、e 〔$\dfrac{m}{n}$（m、nは整数（$n \neq 0$））の形で表さない数〕

2 累乗根

● ピタゴラスの定理

ピタゴラス学派は、数論(「万物は数である」というピタゴラスの言葉は有名)、幾何学、そして音楽にまで多くの仕事を残している。その中でももっとも大切なものの1つが「**ピタゴラスの定理**」(**三平方の定理**ともいう)であり、それは以下のとおりである。

> **定理1.1(ピタゴラスの定理)**
>
> 直角三角形ABCにおいて、$BC=a$、$CA=b$、$AB=c$とおくと、
> $$a^2+b^2=c^2 \quad (1.3)$$
> が成り立つ。逆に、(1.3)が成り立てば、三角形ABCは直角三角形である(図1.5)。

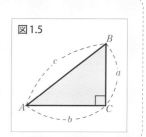

図1.5

このピタゴラスの定理で$a=1$、$b=1$とすると、$c^2=2$となり、図1.6のように2乗して2になる数が現れる。そこで$\sqrt{2}$を調べ、$\sqrt{2}$が無理数であることを示したのである。

ところが、有理数しか「数」と呼ばなかったピタゴラス学派の人たちは$\sqrt{2}$を「数」の仲間に入れず、学派以外の外部の人たちに口外することを禁じた。ピタゴラスの定理の証明方法は実にたくさんあるが、その中でも簡単な証明方法を図1.7に示す。

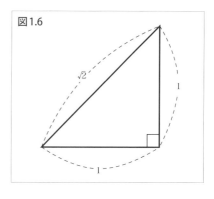

図1.6

この無理数を有理数と同じように扱ったのは、やはりインド人であった。

● √の計算

√のついた無理数が数である以上、計算ができないと困る。そこでここでは、√の計算について考えよう。

改めて、√の定義をすると、

2乗して正の数aになる数をaの平方根という。平方根のうち正の数を$\sqrt{a}$、負の数を$-\sqrt{a}$と書く。ただし、$\sqrt{0}$は0とする。

√の記号は、1525年のクリストフ・ルドルフの代数学教科書に、√というように上の横棒がない形で用いられた。この記号は、平方根(radix quadrata)の頭文字rからつくられたという説がある。最初に√記号を用いたのはルネ・デカルト(1596〜1650年)である。

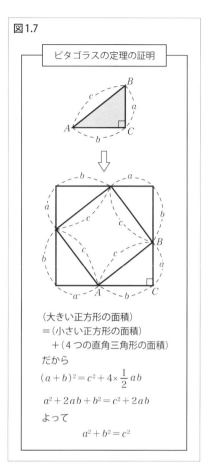

図1.7

ピタゴラスの定理の証明

(大きい正方形の面積)
=(小さい正方形の面積)
 +(4つの直角三角形の面積)
だから
$$(a+b)^2 = c^2 + 4 \times \frac{1}{2}ab$$
$$a^2 + 2ab + b^2 = c^2 + 2ab$$
よって
$$a^2 + b^2 = c^2$$

問題1.1 次の値を求めよ(解答59ページ)。

(1) 81の平方根　　(2) $\sqrt{16}$　　(3) $\sqrt{(-5)^2}$

√の定義より、

$$a>0 \quad \text{のとき} \quad (\sqrt{a})^2 = a \tag{1.4}$$

が成り立つ。

はじめに、かけ算について考えよう。

$a>0$、$b>0$として、

$$(\sqrt{a} \times \sqrt{b})^2 = (\sqrt{a} \times \sqrt{b}) \times (\sqrt{a} \times \sqrt{b}) = (\sqrt{a})^2 \times (\sqrt{b})^2 = a \times b$$

(1.4)より

よって　$\sqrt{a} \times \sqrt{b}$は2乗して$a \times b$になる正の数だから、

$$\sqrt{a} \times \sqrt{b} = \sqrt{a \times b}$$

とくに、$a = b$ のときは、$\sqrt{a} \times \sqrt{a} = \sqrt{a \times a}$ だから、

$$(\sqrt{a})^2 = \sqrt{a^2}$$

ところが、足し算 $\sqrt{a} + \sqrt{b}$ や引き算 $\sqrt{a} - \sqrt{b}$ は、これ以上式を簡単にすることができない。なぜなら、

$$(\sqrt{a} + \sqrt{b})^2 = (\sqrt{a})^2 + 2\sqrt{a} \times \sqrt{b} + (\sqrt{b})^2 = a + 2\sqrt{a} \times \sqrt{b} + b$$
$$= a + b + 2\sqrt{ab}$$

となり、$\sqrt{a} + \sqrt{b}$ を2乗しても、$a + b$ にはならない。引き算の場合も同じである。

> $\sqrt{a} \times \sqrt{b} = \sqrt{a \times b}$ は○
> $\sqrt{a} + \sqrt{b} = \sqrt{a + b}$ は×

また、かけ算の性質より、

$k > 0$、$a > 0$ のとき、$\sqrt{k^2 a} = \sqrt{k^2} \times \sqrt{a} = (\sqrt{k})^2 \times \sqrt{a} = k\sqrt{a}$

よって $\sqrt{k^2 a} = k\sqrt{a}$

次に、割り算を考えよう。

$a > 0$、$b > 0$ として、$\left(\dfrac{\sqrt{a}}{\sqrt{b}}\right)^2 = \dfrac{(\sqrt{a})^2}{(\sqrt{b})^2} = \dfrac{a}{b}$

よって $\dfrac{\sqrt{a}}{\sqrt{b}}$ は2乗して $\dfrac{a}{b}$ になる正の数だから、

$$\dfrac{\sqrt{a}}{\sqrt{b}} = \sqrt{\dfrac{a}{b}}$$

以上のことをまとめると、

$a > 0$、$b > 0$、$k > 0$ のとき、

[1] $\sqrt{a} \times \sqrt{b} = \sqrt{a \times b}$ とくに、$(\sqrt{a})^2 = \sqrt{a^2}$

[2] $\sqrt{k^2 a} = k\sqrt{a}$ [3] $\dfrac{\sqrt{a}}{\sqrt{b}} = \sqrt{\dfrac{a}{b}}$

たとえば、

(1) $\sqrt{1200} = \sqrt{400 \times 3} = \sqrt{20^2 \times 3} = \sqrt{20^2} \times \sqrt{3} = 20 \times \sqrt{3} = 20\sqrt{3}$

(2) $\sqrt{32} - \sqrt{27} + \sqrt{12} - \sqrt{18} = \sqrt{4^2 \cdot 2} - \sqrt{3^2 \cdot 3} + \sqrt{2^2 \cdot 3} - \sqrt{3^2 \cdot 2}$
$= 4\sqrt{2} - 3\sqrt{3} + 2\sqrt{3} - 3\sqrt{2}$
$= 4\sqrt{2} - 3\sqrt{2} - 3\sqrt{3} + 2\sqrt{3} = \sqrt{2} - \sqrt{3}$

(3) $(\sqrt{2} + \sqrt{3})^2 = \sqrt{2}^2 + 2 \cdot \sqrt{2} \cdot \sqrt{3} + \sqrt{3}^2$
$= 2 + 2\sqrt{2 \cdot 3} + 3 = 5 + 2\sqrt{6}$

> これ以上計算できない！

問題1.2 次の式を簡単にせよ（解答59ページ）。

(1) $\sqrt{48}$　　(2) $\sqrt{0.09}$

(3) $\sqrt{8} + \sqrt{32} - \sqrt{50}$　　(4) $\sqrt{45} - \sqrt{24} - \sqrt{\dfrac{5}{4}} + \sqrt{54}$

(5) $\sqrt{6}(2\sqrt{3} - \sqrt{2})$　　(6) $(\sqrt{6} - \sqrt{3})^2$

次に、分母に√を含む式があるとき、分母の式から√を除くように式を変形する。このことを、**分母の有理化**という。

たとえば、

> $\sqrt{2^2} = 2$ を利用するために分母、分子に$\sqrt{2}$をかける

> $(a+b)(a-b) = a^2 - b^2$ を利用するために、分母、分子に$\sqrt{5} - \sqrt{2}$をかける

(1) $\dfrac{3}{\sqrt{2}} = \dfrac{3 \times \sqrt{2}}{\sqrt{2} \times \sqrt{2}} = \dfrac{3\sqrt{2}}{2}$

(2) $\dfrac{\sqrt{2}}{\sqrt{5} + \sqrt{2}} = \dfrac{\sqrt{2}(\sqrt{5} - \sqrt{2})}{(\sqrt{5} + \sqrt{2})(\sqrt{5} - \sqrt{2})}$
$= \dfrac{\sqrt{5}\sqrt{2} - (\sqrt{2})^2}{(\sqrt{5})^2 - (\sqrt{2})^2} = \dfrac{\sqrt{10} - 2}{5 - 2} = \dfrac{\sqrt{10} - 2}{3}$

問題1.3 次の式の分母を有理化せよ（解答59ページ）。

(1) $\dfrac{1}{\sqrt{12}}$　　(2) $\dfrac{3}{\sqrt{15}}$　　(3) $\dfrac{\sqrt{3}}{\sqrt{3} + \sqrt{2}}$　　(4) $\dfrac{3 + \sqrt{5}}{3 - \sqrt{5}}$

● n乗してaになる数

ここまで、2乗して2になる数についてみてきた。そこで、3乗して2になる数、4乗して2になる数についてみていこう。

一般に、n乗してaになる数をaの**n乗根**といい、aの**2乗根**（平方根）、

3乗根(立方根)、4乗根、……をまとめてaの**累乗根**という。この累乗根が指数関数へとつながっていく。

n乗根については、nが奇数の場合と、偶数の場合で少し異なる。

[1] nが奇数のとき

> □$^3 = a$ならば、aは正の数にも負の数にもなることがあるから、aは正の数でも負の数でもよい

任意の実数aに対して、aのn乗根は、aの正負にかかわらずただ1つである。これを$\sqrt[n]{a}$で表す。とくに$\sqrt[n]{0}$は、0である。

たとえば、

> 8の3乗根は、3乗して8になる数だから2

> -8の3乗根は、3乗して-8になる数だから-2

$$\sqrt[3]{8} = \sqrt[3]{2^3} = 2 \qquad \sqrt[3]{-8} = \sqrt[3]{(-2)^3} = -2$$

[2] nが偶数のとき

正の数aに対して、aのn乗根は正と負の1つずつある。その正の数を$\sqrt[n]{a}$で表し、負の数は$-\sqrt[n]{a}$で表す。とくに、$\sqrt[n]{0}$は0である。aの2乗根$\sqrt[2]{a}$は既に学んでいる平方根のことで、今までどおり$\sqrt{a}$で表す。$\sqrt[2]{a} = \sqrt{a}$

たとえば、

$$\sqrt[4]{81} = \sqrt[4]{3^4} = 3 \qquad \sqrt[6]{(-2)^6} = \sqrt[6]{2^6} = 2$$

> 81の4乗根は、4乗して81になる数だから、3と-3の2つある。$\sqrt[4]{81}$は、そのうち正の数をさすから3である

> $(-2)^6 = 64$で、64の6乗根は6乗して64になる数だから、2と-2の2つある。$\sqrt[6]{64}$は、そのうち正の数をさすから、2である

このように、奇数の場合は$a > 0$という条件は必要ないが、nが偶数の場合は$a > 0$という条件が必要である。しかし本書では、$a < 0$の場合は必要ないので、$a > 0$の場合のみで考えることにする。

n乗根の定義から、

$$a > 0 \text{に対して} \qquad (\sqrt[n]{a})^n = a \tag{1.5}$$

さらに、平方根の場合と同じように、次の性質が成り立つ。

> $a>0$、$b>0$で、m、n、pは自然数とする。
>
> [1] $\sqrt[n]{a} \cdot \sqrt[n]{b} = \sqrt[n]{ab}$ 　　[2] $\dfrac{\sqrt[n]{a}}{\sqrt[n]{b}} = \sqrt[n]{\dfrac{a}{b}}$　　[3] $(\sqrt[n]{a})^m = \sqrt[n]{a^m}$
>
> [4] $\sqrt[m]{\sqrt[n]{a}} = \sqrt[mn]{a}$　　[5] $\sqrt[n]{a^m} = \sqrt[pn]{a^{pm}}$

　[1]〜[3]は、平方根の場合と同じように(左辺)をn乗すればよい。ここでは、[4]と[5]を証明しよう。

[4]の証明

　(左辺)をmn乗すると、

$A = \sqrt[m]{\sqrt[n]{a}}$とおくと、$A^{mn} = (A^m)^n$

$$(\sqrt[m]{\sqrt[n]{a}})^{mn} = \{(\sqrt[m]{\sqrt[n]{a}})^m\}^n = \{\sqrt[n]{a}\}^n = a$$

$B = \sqrt[n]{a}$とおくと、$\{(\sqrt[m]{B})^m\}^n = B^n$

　$\sqrt[m]{\sqrt[n]{a}}$は、aのmn乗根だから、$\sqrt[m]{\sqrt[n]{a}} = \sqrt[mn]{a}$

[5]の証明

　(右辺)をn乗すると、

$A = a^{pm}$とおくと、$(\sqrt[pn]{A})^n = (\sqrt[np]{A})^n = (\sqrt[n]{\sqrt[p]{A}})^n$

$$(\sqrt[pn]{a^{pm}})^n = (\sqrt[n]{\sqrt[p]{a^{pm}}})^n = \sqrt[p]{a^{pm}} = \sqrt[p]{(a^m)^p} = a^m$$

$B = \sqrt[p]{a^{pm}}$とおくと、$(\sqrt[n]{B})^n = B$

　$\sqrt[pn]{a^{pm}}$は、a^mのn乗根だから、　　$\sqrt[pn]{a^{pm}} = \sqrt[n]{a^m}$

　これらの式を使って、累乗根を計算してみよう。

(1) $\sqrt[3]{6}\sqrt[3]{12} = \sqrt[3]{6 \times 12} = \sqrt[3]{(2 \times 3) \times (2^2 \times 3)} = \sqrt[3]{2^3 \times 3^2} = \sqrt[3]{2^3} \times \sqrt[3]{3^2}$
$\qquad = 2\sqrt[3]{3^2} = 2\sqrt[3]{9}$

(2) $\sqrt{\sqrt[3]{64}} = \sqrt[2]{\sqrt[3]{2^6}} = \sqrt[2\times 3]{2^6} = \sqrt[6]{2^6} = 2$

$\sqrt{a} = \sqrt[2]{a}$ だから

(3) $\sqrt[6]{27} = \sqrt[2\times 3]{3^3} = \sqrt[2]{\sqrt[3]{3^3}} = \sqrt[2]{3} = \sqrt{3}$

問題1.4 次の値を求めよ（解答59ページ）。

(1) $\sqrt[4]{9^2}$ (2) $\sqrt[3]{4} \times \sqrt[3]{16}$

(3) $\dfrac{\sqrt[3]{250}}{\sqrt[3]{2}}$ (4) $\sqrt[5]{1024}$

(5) $\sqrt[8]{16}$ (6) $\sqrt[4]{32} - \sqrt[4]{162}$

3 数直線

　数の表し方としては、分数以外に小数がある。小数は、すでに古代中国や中世のアラビアなどで使われていたようであるが、ヨーロッパではフランドル（現在はベルギー）のシモン・ステヴィン（1548〜1620年）が、小数について論じている。しかし、今日5.912と書くところを5⓪9①1②2③などと書いていた。

　小数点を用いて書き表したのはジョン・ネイピア（1550〜1617年）である。1619年に公表された対数表（242ページ参照）には、小数点が使われた。対数表によって小数が広まったが、最終的に認められるのは19世紀を待たなければならなかった。

● 有限小数と無限小数

　現在、とくに断りがなければ、数は10進法で表されるので、小数0.6944を分数で表すと、

10進法とは、0以上9以下の整数を10倍ごとに右から左に書き並べて数を表す方法。たとえば、123.456は、
$$123.456 = 1\cdot 10^2 + 2\cdot 10 + 3 + 4\cdot\dfrac{1}{10} + 5\cdot\dfrac{1}{10^2} + 6\cdot\dfrac{1}{10^3}$$

$$0.6944 = 6 \cdot \frac{1}{10^1} + 9 \cdot \frac{1}{10^2} + 4 \cdot \frac{1}{10^3} + 4 \cdot \frac{1}{10^4}$$
$$= \frac{6 \times 1000 + 9 \times 100 + 4 \times 10 + 4}{10000} = \frac{6944}{10000} = \frac{434}{625}$$

となる。

逆に、分数を小数で表すためには、(分子)÷(分母)を計算すればよい。たとえば、図1.8のように計算すると、

$$\frac{1}{8} = 0.125$$
$$\frac{1}{7} = 0.\overbrace{142857}\overbrace{142857}\overbrace{142857}\cdots\cdots$$

同じ数字142857が繰り返される

である。

このように、有理数は小数点以下の数字が「有限個で終わる」場合と「同じ数字が無限回繰返し現れる」場合がある。前者を**有限小数**、後者を**循環小数**という。また、小数点以下に無限個の数字が並ぶ小数を**無限小数**というので、循環小数も無限小数である。

次に、無理数$\sqrt{2}$を小数で表すと、
$\sqrt{2} = 1.41421356237309504880168872420971\cdots\cdots$
となり、数字が循環しない無限小数であることがわかる。

これらのことをまとめると図1.9のとおりである。

図1.8

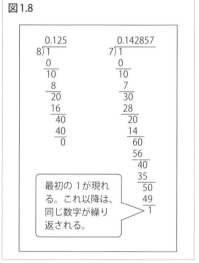

最初の1が現れる。これ以降は、同じ数字が繰り返される。

図1.9

● **実数と直線上の点は1対1に対応**

実数は、小数で表すと、小数点以下に0から9までの数字が無限個並ぶ。そこで、n を0以上の整数として、$n.\square\square\square\square\cdots$ または $-n.\square\square\square\square\cdots$（□は無限個続く）の□に0から9までの数字を1つ入れることによって実数がえられる。

このことより、実数と直線上の点とを、次のように1対1に対応させることができる（図1.10）。

① 直線上に1つの点Oを定め、点Oに整数の0を対応させる。この点Oを**原点**という
② 点Oから右方向に等間隔に並んだ点に整数の1、2、3、……を対応させ、左方向には、−1、−2、−3、……を対応させる。これで、整数と直線上の等間隔の点が1対1に対応する
③ n を0以上の整数として、
n と $n+1$ の間の点には、実数 $n.\square\square\square\square\cdots$
$-n$ と $-n-1$ の間の点には、実数 $-n.\square\square\square\square\cdots$
（□には0から9までの数字を1個ずつ入れる）を対応させる。

これによって、直線上の点と実数とを1対1に対応させることができる。このような直線を**数直線**という（図1.11）。

図1.10

① 直線上の点Oに、数字の0を対応させる

② 点Oから等間隔に並んだ点に整数を対応させる

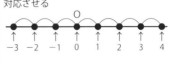

③ n が0以上の整数において
n と $n+1$ の間では、実数 $n.\square\square\square\cdots$
$-n$ と $-n-1$ の間では、実数 $-n.\square\square\square\cdots$
（□に0から9までの数字が入る）と点を対応させる

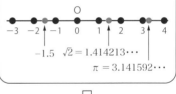

図1.11

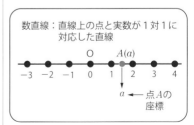

数直線上の点Aに対応する実数aを点Aの**座標**といい、その点をA(a)と書く。

● 絶対値

数直線上に座標が入ったので、2点間の距離について考えよう。数直線上の原点O(0)と点A(a)との距離をaの絶対値といい、$|a|$と書く(図1.12)。たとえば、

(1) $|5| = 5$
(2) $|-5| = 5$

である(図1.13)。

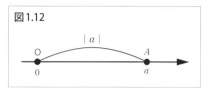
図1.12

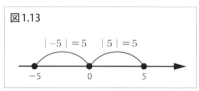
図1.13

問題1.5 $|x| = 9$となる実数xを求めよ(解答60ページ)。

絶対値の定義より、次のことが成り立つことがわかる。

> 実数aについて、
> [1] $|a| \geq 0$ ただし、$|a| = 0 \iff a = 0$
> [2] $|-a| = |a|$
> [3] $a \geq 0$ のとき、$|a| = a$
> $a < 0$ のとき $|a| = -a$
> [4] $|a| \geq a$ 等号は$a \geq 0$のとき成り立つ

記号「A⇔B」は、「AとBは同値である」を意味している。

たとえば、
$a = 5$のとき$|5| = 5$
$a = -5$のとき
$|-5| = -(-5) = 5$

これらの性質を使って、絶対値の計算をしよう。
(1) $|2-5| = |-3| = 3$
(2) $|-2| - |-5| = 2 - 5 = -3$
(3) $2 < \sqrt{5}$ より $2 - \sqrt{5} < 0$
 よって $|2 - \sqrt{5}| = -(2 - \sqrt{5}) = -2 + \sqrt{5}$

$4 < 5$であるから$\sqrt{4} < \sqrt{5}$、すなわち$2 < \sqrt{5}$

上記[3]の性質で、$a < 0$のとき、$|a| = -a$

問題1.6 次の値を求めよ（解答60ページ）。

(1) $|-5|-|4|$ 　　　 (2) $|2-\sqrt{2}|+|1-\sqrt{2}|$

さらに、次のことがわかる。

> 実数 a、b について、
>
> [5] $|a|^2 = a^2$ 　　　[6] $|a||b| = |ab|$ 　　　[7] $\dfrac{|b|}{|a|} = \left|\dfrac{b}{a}\right|$

このことを証明しよう。

[5] 上記 [3] より、

　$a \geq 0$ のとき　$|a| = a$ だから　両辺を2乗すると $|a|^2 = a^2$

　$a < 0$ のとき　$|a| = -a$ だから　両辺を2乗すると $|a|^2 = (-a)^2 = a^2$

　したがって、すべての実数 a について $|a|^2 = a^2$

[6] [5] を用いて、

　$(|a||b|)^2 = |a|^2|b|^2 = a^2b^2$、　　$|ab|^2 = (ab)^2 = a^2b^2$

　したがって、$(|a||b|)^2 = |ab|^2$

　$|a||b| \geq 0$、$|ab| \geq 0$ であるから　$|a||b| = |ab|$

[7] も [6] と同じように証明できる。

次の不等式を三角不等式といい、重要な不等式である。

> 実数 a、b について、
> $$|a+b| \leq |a| + |b| \tag{1.6}$$
> 等号は「$a \geq 0$、$b \geq 0$」または「$a \leq 0$、$b \leq 0$」のとき成り立つ

このことを証明しよう。

$$(|a|+|b|)^2-|a+b|^2 = (|a|^2+2|a||b|+|b|^2)-(a+b)^2$$
$$= (a^2+2|ab|+b^2)-(a^2+2ab+b^2)$$
$$= 2|ab|-2ab$$
$$= 2(|ab|-ab)$$

> $|a| \geq a$ より、$|a|-a \geq 0$

> $|ab|-ab=0$ のとき、$(|a|+|b|)^2-|a+b|^2=0$ に注意

$|ab|-ab \geq 0$ であるから $2(|ab|-ab) \geq 0$

したがって、$(|a|+|b|)^2-|a+b|^2 \geq 0$
$$(|a|+|b|)^2 \geq |a+b|^2$$

$|a|+|b| \geq 0$、$|a+b| \geq 0$ であるから、
$$|a|+|b| \geq |a+b|$$

等号は、$|ab|-ab=0$ のとき成り立つから $|ab|=ab$
よって $ab \geq 0$ すなわち、「$a \geq 0$、$b \geq 0$」または「$a \leq 0$、$b \leq 0$」

> $ab<0$ ならば $|ab|=-ab$ になるから

結局、等号は、「$a \geq 0$、$b \geq 0$」または「$a \leq 0$、$b \leq 0$」のとき成り立つ。

(1.6)を繰り返して用いると、一般に次のことが成り立つ。

> 実数 a_1、a_2、……、a_n について、
> $$|a_1+a_2+\cdots\cdots+a_n| \leq |a_1|+|a_2|+\cdots\cdots+|a_n|$$
> 等号は、
> 「$a_1 \geq 0$、$a_2 \geq 0$、……、$a_n \geq 0$」または「$a_1 \leq 0$、$a_2 \leq 0$、……、$a_n \leq 0$」
> のとき成り立つ。

問題1.7 a、b、c が実数のとき $|a+b+c| \leq |a|+|b|+|c|$ を証明せよ(解答60ページ)。

● 数直線上の距離

次に、数直線上の2点間の距離についてみていこう。

数直線上の2点 $A(a)$、$B(b)$ の距離 AB は、
$$a \geq b \quad \text{のとき} \quad AB = a-b$$

$$a<b \text{ のとき } \quad AB=b-a$$

であるから、

2点$A(a)$、$B(b)$間の距離ABは、
$$AB=|b-a|$$

> $AB=|a-b|$としても同じ

と表すことができる、このように書けば、a、bの大小に関係なく同じ式で表される（図1.14）。

問題1.8 次の2点間の距離ABを求めよ（解答61ページ）。

(1) $A(7)$、$B(3)$
(2) $A(-2)$、$B(3)$
(3) $A(-2)$、$B(-6)$

図1.14

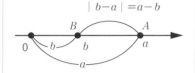

● 絶対値を含む不等式

絶対値を含む不等式で、xの範囲を次のように示すことがある（図1.15）。
$r>0$のとき、

(1) $|x|<r \iff -r<x<r$

> $|x|<r$は、原点からの距離がrより小さい点$P(x)$を表している

(2) $|x|>r \iff x<-r,\ r<x$

> $|x-a|<r$は、aからの距離がrより小さい点$P(x)$を表している

(3) $|x-a|<r \iff -r<x-a<r$
$\iff a-r<x<a+r$

図1.15

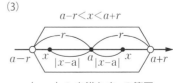

(4) $|x-a|>r$
$\iff x-a<-r,\ r<x-a$
$\iff x<a-r,\ a+r<x$

4 複素数

> 「方程式」は未知数を含み、その未知数に特定の数値をあたえたときだけに成立する等式

ここで、世界一美しい数式に現れる数 i について見ていこう。i は方程式が解けるようにするために誕生した数である。そこで、

$$2次方程式 \quad x^2 = -4 \tag{1.7}$$

> 方程式において、未知数 x のかけ算されている個数を次数と言い、その次数の中で最大を方程式の次数という

を満たす x は何かを考えてみよう。

◉ 虚数の誕生

まず (1.7) を解く前に、方程式と数との間には密接な関係があるので、それを見ていく。

(1) $x+2=5$ の解は $x=3$ → 正の整数の範囲で解がある。

$x+2=1$ の解は $x=-1$ → 正の整数の範囲では解がないので、負の数が必要になる。

(2) $2x=6$ の解は $x=3$ → 整数の範囲で解がある。

$2x=5$ の解は $x=\dfrac{5}{2}$ → 整数の範囲では解がないので、分数が必要になる。

(3) $x^2=4$ の解は $x=\pm 2$ → 有理数の範囲で解がある。

$x^2=2$ の解は $x=\pm\sqrt{2}$ → 有理数の範囲では解がないので、無理数が必要になる。

このように方程式が解けない場合は、方程式が解けるように新しい数が必要になってくる。そこで、$x^2=-1$ を満たす実数 x は存在しないので $x^2=-1$ を満たす新しい数を i と書く。すなわち、$i^2=-1$ である。

このiは、文字（これまでのa、xなどの文字）と同じように計算して、i^2を-1に置き換えることにする。すると、次のように計算ができる。
$$(2i)^2 = 2^2 i^2 = 4 \cdot (-1) = -4,$$
$$(-2i)^2 = (-2)^2 i^2 = 4 \cdot (-1) = -4$$
となる。このことから、(1.7)で示した2次方程式について
$$x^2 = -4 \text{ の解は} \qquad x = \pm 2i \qquad (1.8)$$
である。このように、iを用いることによって、2乗して負になる数を表すことができる。このiを**虚数単位**という。

もう少し複雑な2次方程式$x^2 - 2x + 5 = 0$の解を求めてみよう。

$$x^2 - 2x + 5 = 0$$
$$x^2 - 2x + 1^2 - 1^2 + 5 = 0$$
$$(x-1)^2 - 1 + 5 = 0$$
$$(x-1)^2 = -4$$
$$x - 1 = \pm 2i$$
$$x = 1 \pm 2i$$

$a^2 - 2ab + b^2 = (a-b)^2$ より、
$x^2 - 2x + 1^2 = (x-1)^2$

公式$a^2 - 2ab + b^2 = (a-b)^2$を利用するために、$1^2$を足して、$1^2$を引いておく

(1.8)より

したがって、解は$x = 1 + 2i$、$1 - 2i$

2次方程式は2つの解を持つから、$1 + 2i$と$1 - 2i$をそれぞれ1つの数と考える。

そこで、虚数単位iと実数a、bを用いて、$a + bi$の形で表される数を考える。この数を**複素数**という。

aを複素数$a + bi$の**実部**、bを複素数$a + bi$の**虚部**という。

$b = 0$のとき、$a + 0i$は、**実数**aを表すことにし、

$b \neq 0$のとき、$a + bi$を**虚数**という。

とくに、$a = 0$かつ$b \neq 0$のとき、$0 + bi$を**純虚数**といい、biで表す。
ここまでに学んできた数をまとめると図1.16のようになる。

次に、この複素数について調べていこう。

● 複素数の相等

まず、「2つの複素数が等しい」とはどのようなときか？

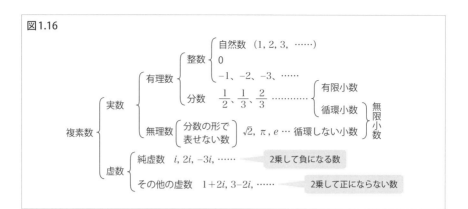

図1.16

2つの複素数の実部どうし、虚部どうしが等しいとき、2つの複素数は等しいと定める。すなわち、

> a、b、c、d を実数として、2つの複素数 $a+bi$、$c+di$ について
> $$a+bi=c+di \iff a=c \text{ かつ } b=d$$
> とくに、$a+bi=0 \iff a=0 \text{ かつ } b=0$

● 複素数の計算

複素数の四則計算は、$i^2=-1$ とする以外は、文字 i の式と考えて計算する。たとえば、次の計算をしよう。

(1) $(5-3i)+(4+5i)=5-3i+4+5i=5+4-3i+5i=9+2i$

(2) $(3+2i)(4-5i)=3\cdot4-3\cdot5i+2\cdot4i-2\cdot5i^2$
$\qquad = 12-15i+8i-10(-1)$ ← i^2 を -1 に置き換える
$\qquad = 22-7i$

(3) $i^9=i^8\cdot i=(i^2)^4 i=(-1)^4 i=1\cdot i=i$ ← $i^2=-1$、$i^4=1$ で置き換えると便利

問題1.9 次の計算をせよ(解答61ページ)。

(1) $(2-i)-(5+2i)$　　(2) $(2+i)^2$　　(3) $i+i^3+i^5+i^7$

複素数 $a+bi$ と $a-bi$ を、互いに**共役な複素数**という。複素数 α と共役な

複素数を $\overline{\alpha}$ で表す。

互いに共役な複素数 $\alpha = a + bi$ と $\overline{\alpha} = a - bi$ の和と積は、
$$\alpha + \overline{\alpha} = (a + bi) + (a - bi) = a + bi + a - bi = 2a$$
$$\alpha\overline{\alpha} = (a + bi)(a - bi) = a^2 - (bi)^2 = a^2 - b^2 i^2$$
$$= a^2 - b^2(-1) = a^2 + b^2$$

で、ともに実数である。

問題1.10 次の複素数と共役な複素数との和、積を求めよ（解答61ページ）。
(1) $5 - 2i$ (2) $3i$

複素数の割り算は、分母の共役な複素数を分母と分子に掛ける（分母の有理化と同じ計算）。

> $(a+b)(a-b) = a^2 - b^2$ を利用するために、分母分子に $(1+i)$ の共役複素数 $(1-i)$ をかける

$$\frac{1-2i}{1+i} = \frac{(1-2i)(1-i)}{(1+i)(1-i)} = \frac{1 - i - 2i + 2i^2}{1^2 - i^2}$$
$$= \frac{1 - 3i - 2}{1 + 1} = -\frac{1}{2} - \frac{3}{2}i$$

問題1.11 次の計算をせよ（解答61ページ）。
(1) $\dfrac{3+i}{1+2i}$ (2) $\dfrac{i}{2-i}$ (3) $\dfrac{3-5i}{3+5i}$

以上のように、2つの複素数の和・差・積・商は、また複素数になる（このことを、「複素数は四則演算に関して**閉じている**」という）。

以上をまとめると次のようになる。

加法：$(a + bi) + (c + di) = (a + c) + (b + d)i$
減法：$(a + bi) - (c + di) = (a - c) + (b - d)i$
乗法：$(a + bi)(c + di) = (ac - bd) + (ad + bc)i$
除法：$\dfrac{c + di}{a + bi} = \dfrac{ac + bd}{a^2 + b^2} + \dfrac{ad - bc}{a^2 + b^2}i$

さらに、

> 2つの複素数 α、β に対して、
> $$\alpha\beta = 0 \iff \alpha = 0 \text{ または } \beta = 0 \tag{1.9}$$

が成り立つ。当たり前のように見えるが、重要な性質で、これが成り立たないと、方程式を解くときに不便である。

少々面倒であるが、次のように証明することができる。

$\alpha = a + bi$、$\beta = c + di$ とおく。ただし、a、b、c、d は実数

[1]「$\alpha = 0$ または $\beta = 0 \Longrightarrow \alpha\beta = 0$」の証明：

$\alpha = 0$ ならば $\alpha\beta = 0 \cdot (c + di) = 0 \cdot c + 0 \cdot di = 0$

よって $\alpha\beta = 0$

同様に、$\beta = 0$ ならば $\alpha\beta = 0$ が成り立つ。

以上より 「$\alpha = 0$ または $\beta = 0 \Longrightarrow \alpha\beta = 0$」が証明された。

[2]「$\alpha\beta = 0 \Longrightarrow \alpha = 0$ または $\beta = 0$」の証明：

$\alpha\beta = 0$ より $(a + bi)(c + di) = 0$

これを整理して $(ac - bd) + (ad + bc)i = 0$

$ac - bd$、$ad + bc$ は実数だから

$ac - bd = 0 \cdots\cdots$ ① かつ $ad + bc = 0 \cdots\cdots$ ②

① $\times c +$ ② $\times d$ より $ac^2 + ad^2 = 0$

> ① $\times c$ より $ac^2 - bcd = 0$
> ② $\times d$ より $ad^2 + bcd = 0$
> 足すと $ac^2 + ad^2 = 0$

よって $a(c^2 + d^2) = 0$

ゆえに $a = 0$ または $c^2 + d^2 = 0$

(1) $a = 0$ のとき

① より $bd = 0$、よって $b = 0$ または $d = 0$

② より $bc = 0$、よって $b = 0$ または $c = 0$

(ア) $b = 0$ ならば $\alpha = 0 + 0i = 0$

(イ) $b \neq 0$ ならば $d = 0$ かつ $c = 0$ であるから、
$$\beta = 0 + 0i = 0$$

よって $\alpha = 0$ または $\beta = 0$ が成り立つ。

(2) $c^2 + d^2 = 0$ のとき $c = 0$ かつ $d = 0$ であるから

$$\beta = 0 + 0i = 0$$
よって　$\beta = 0$ が成り立つ。

以上より　「$\alpha\beta = 0 \Longrightarrow \alpha = 0$ または $\beta = 0$」が証明された。
[1]、[2]より、(1.9)が証明された。

以上のことから、複素数は、実数と同じように計算することができる。

◉ **複素数と実数の違い**

複素数は実数と違う点がある。それは、

「虚数については、正・負や大小関係は考えない」

ということである。i は正の数、負の数のどちらでもないし、1 と i はどちらが大きいかは答えられない。

したがって、**正の数、負の数というときは、数は実数**を意味する。

[i が正でも負でもない理由]
　$i > 0$ とすると、両辺に i をかけて $i^2 > 0 \cdot i$
　　　　よって　$-1 > 0$ となり、不合理
　$i < 0$ とすると、両辺に i をかけて $i^2 > 0 \cdot i$
　　　　よって　$-1 > 0$ となり、不合理

> i は負だから、不等号の向きが変わる。たとえば
> $$1 < 2$$
> の両辺に -1 をかけると、
> $$-1 > -2$$
> と不等号の向きが変わる

◉ **負の数の平方根**

次に、負の数の平方根について考えよう。
$a > 0$ のとき、
$$(\sqrt{a}i)^2 = (\sqrt{a})^2 i^2 = a(-1) = -a、$$
$$(-\sqrt{a}i)^2 = (-\sqrt{a})^2 i^2 = a(-1) = -a$$
であるから、2乗して $-a$ になる数（つまり、$-a$ の平方根）は $\sqrt{a}i$ と $-\sqrt{a}i$ である。

したがって、次のことが成り立つ。

> $a > 0$ のとき、負の数 $-a$ の平方根は $\sqrt{a}i$ と $-\sqrt{a}i$ である

そこで、$a>0$ のとき、記号 $\sqrt{-a}$ を次のように定める。

$$\sqrt{-a} = \sqrt{a}\,i \quad \text{とくに} \quad \sqrt{-1} = i$$

たとえば、-12 の平方根は $\pm\sqrt{-12} = \pm\sqrt{12}\,i = \pm 2\sqrt{3}\,i$

ただし、$\sqrt{}$ の計算は、実数の場合と異なることがあるので注意しなければならない。

（$\sqrt{-a}$ を $\sqrt{a}\,i$ に置き換えてから計算！）

(1) $\sqrt{-2}\sqrt{-3} = \sqrt{2}\,i\sqrt{3}\,i = \sqrt{2}\sqrt{3}\,i^2 = -\sqrt{6}$

【注意】 $\sqrt{-2}\sqrt{-3} = \sqrt{(-2)\times(-3)} = \sqrt{6}$ ← 間違い！

(2) $\dfrac{\sqrt{2}}{\sqrt{-3}} = \dfrac{\sqrt{2}}{\sqrt{3}\,i} = \dfrac{\sqrt{2}\cdot\sqrt{3}\,i}{\sqrt{3}\,i\cdot\sqrt{3}\,i} = \dfrac{\sqrt{6}\,i}{3i^2} = \dfrac{\sqrt{6}\,i}{3(-1)} = -\dfrac{\sqrt{6}}{3}i$

【注意】 $\dfrac{\sqrt{2}}{\sqrt{-3}} = \sqrt{\dfrac{2}{-3}} = \sqrt{-\dfrac{2}{3}} = \sqrt{\dfrac{2}{3}}\,i = \dfrac{\sqrt{6}}{3}i$ ← 間違い！

一般に虚数の範囲では、$\sqrt{\alpha}\sqrt{\beta} \neq \sqrt{\alpha\beta}$、$\dfrac{\sqrt{\beta}}{\sqrt{\alpha}} \neq \sqrt{\dfrac{\beta}{\alpha}}$

問題 1.12 次の計算をせよ（解答 62 ページ）。

(1) $\sqrt{-18}\,\sqrt{-8}$ (2) $\dfrac{\sqrt{27}}{\sqrt{-9}}$ (3) $\sqrt{-3}\left(\dfrac{\sqrt{6}}{\sqrt{-2}} - \sqrt{-15}\right)$

5 複素数平面

2 乗して 0 以上にならない虚数は、18 世紀になってもなかなか数の仲間として認められなかった。実数は、直線上の点で表されて目で見られるが、虚数は数直線上に表せないので目で見ることができないのも原因の 1 つである。そこで 19 世紀前半、ドイツのカール・フリードリヒ・ガウス（1777〜1855 年）は、実数や虚数を含めた複素数を平面上の点として表した。このことにより虚数の性質が明確になり、虚数は数として認知されるに至った。

そこで、まず、平面に座標を入れることを考えよう。

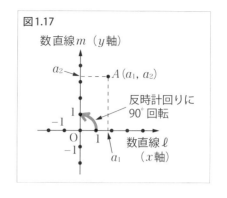

図1.17

● 座標平面

平面上に1つの点Oを定め、**原点**と呼ぶ。次に、この点Oを原点とする数直線lを書き、さらに点Oを原点とする数直線mを、点Oを中心に数直線lの正の方向から90°だけ反時計回りに回転させる。数直線lを**x軸**、数直線mを**y軸**と呼ぶ(図1.17)。

平面上に1つの点Aがあるとき、点Aからx軸に垂線を下ろし、x軸との交点の座標をa_1、y軸に垂線を下ろし、y軸との交点の座標をa_2とする。そして、点Aに対して2つの実数の組(a_1, a_2)を対応させる。

このように対応させると、平面上の点Aと2つの実数の組(a_1, a_2)とは1対1に対応する。そこで、点Aに対して2つの実数の組(a_1, a_2)を点Aの**座標**といい、$A(a_1, a_2)$と書く。a_1を点Aの**x座標**、a_2を点Aの**y座標**という。

このように平面に座標を考えたのは、デカルトである。そこで、この座標のことを**デカルト座標**ともいう。そして、座標が定められた平面を**座標平面**という。

● 複素数と平面上の点は1対1に対応する

次に、複素数と平面上の点を次のように対応させる。

複素数　$z = a + bi$ ⟷ 点$P(a, b)$

このように対応させた平面を**複素数平面**(または**ガウス平面**)といい、x軸を**実軸**、y軸を**虚軸**という(図1.18)。

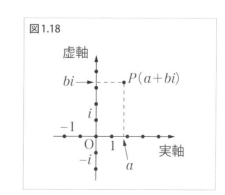

図1.18

そして、複素数 $z = a + bi$ が表す点 P を、$\boldsymbol{P(z)}$ または $P(a+bi)$ と書く。または、単に**点** z と呼ぶこともある(図1.18)。

問題1.13 図1.19の複素数平面上の点 B〜D を表す複素数を記せ(解答62ページ)。

(例) $A(3+2i)$

(1) B (2) C (3) D

問題1.14 次の複素数で表された点を、図1.19の複素数平面上に記せ(解答62ページ)。

(1) $E(2)$ (2) $F(-5i)$
(3) $G(-4+4i)$

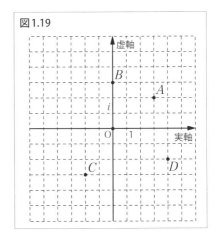

図1.19

● 共役複素数の性質

複素数 $z = a + bi$ に対して、共役複素数を $\bar{z}$ として
$$\bar{z} = a - bi$$
$$-z = -(a+bi) = -a - bi$$
$$-\bar{z} = -(a-bi) = -a + bi$$
であるから、点 $\bar{z}$、$-z$、$-\bar{z}$ を複素数平面上に記すと、図1.20のようになる。

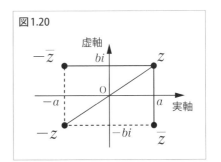

図1.20

よって、次のことが成り立つ。

点 z と点 $\bar{z}$ は実軸に関して対称
点 z と点 $-z$ は原点に関して対称
点 z と点 $-\bar{z}$ は虚軸に関して対称

共役複素数には、次の重要な性質がある。

> $\overline{z+w}$ は $z+w$ の共役複素数
> $\overline{z}+\overline{w}$ は z の共役複素数と w の共役複素数の和

[1] $\overline{z+w} = \overline{z} + \overline{w}$、 $\overline{z-w} = \overline{z} - \overline{w}$

[2] $\overline{z \times w} = \overline{z} \times \overline{w}$、 $\overline{\left(\dfrac{z}{w}\right)} = \dfrac{\overline{z}}{\overline{w}}$

このことを証明するために、$z = a + bi$、$w = c + di$（a、b、c、d は実数）とおく。

まず、[1] は、

$\overline{z+w} = \overline{(a+bi)+(c+di)} = \overline{(a+c)+(b+d)i} = (a+c) - (b+d)i$

$\overline{z}+\overline{w} = \overline{(a+bi)} + \overline{(c+di)} = (a-bi) + (c-di) = (a+c) - (b+d)i$

よって $\overline{z+w} = \overline{z} + \overline{w}$

引き算も同じように示される。

次に [2] は、

$\overline{z \times w} = \overline{(a+bi)(c+di)} = \overline{(ac-bd)+(ad+bc)i}$
$\phantom{\overline{z \times w}} = (ac-bd) - (ad+bc)i$

$\overline{z} \times \overline{w} = \overline{(a+bi)} \times \overline{(c+di)} = (a-bi) \times (c-di)$
$\phantom{\overline{z} \times \overline{w}} = (ac-bd) - (ad+bc)i$

よって $\overline{z \times w} = \overline{z} \times \overline{w}$

割り算も同じように示される。

◉ 複素数の絶対値

さて、複素数の**絶対値**について考えよう。実数と同じように距離によって定義する。

複素数 $z = a + bi$ に対して、原点 O と点 z の距離を z の**絶対値**といい、$|z|$ または、$|a+bi|$ で表す。図1.21 において、ピタゴラスの定理より、

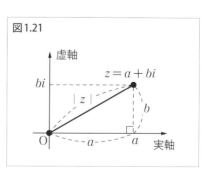

図1.21

$$|z|=|a+bi|=\sqrt{a^2+b^2}$$

問題1.15 次の複素数の絶対値を求めよ(解答62ページ)。
(1) $4-3i$ (2) $-\sqrt{5}+2i$ (3) -4 (4) $2i$

絶対値について、次のことが成り立つ。

> [1] $|z|\geqq 0$ とくに $|z|=0 \Longleftrightarrow z=0$
> [2] $|z|=|\bar{z}|$ [3] $|z|^2=z\bar{z}$
> [4] $|zw|=|z||w|$ [5] $\left|\dfrac{z}{w}\right|=\dfrac{|z|}{|w|}$

このことを示そう。
$z=a+bi,\ w=c+di$(a、b、c、dは実数)とおく。

[1] $|z|=\sqrt{a^2+b^2}\geqq 0$
  とくに、$|z|=0 \Longleftrightarrow \sqrt{a^2+b^2}=0 \Longleftrightarrow a=b=0 \Longleftrightarrow z=0$

[2] $|z|=\sqrt{a^2+b^2}$、$|\bar{z}|=|a-bi|=\sqrt{a^2+(-b)^2}=\sqrt{a^2+b^2}$
  よって $|z|=|\bar{z}|$

[3] $|z|^2=(\sqrt{a^2+b^2})^2=a^2+b^2$
  $z\bar{z}=(a+bi)(a-bi)=a^2-b^2i^2=a^2+b^2$
  よって $|z|^2=z\bar{z}$

> 共役複素数の性質
> [2] $\overline{z\times w}=\bar{z}\times\bar{w}$より

[4] $|zw|^2=zw\cdot\overline{zw}=z\cdot w\cdot\bar{z}\cdot\bar{w}=z\cdot\bar{z}\cdot w\cdot\bar{w}=|z|^2|w|^2=(|z||w|)^2$
  $|zw|\geqq 0$、$|z||w|\geqq 0$ だから $|zw|=|z||w|$

[5] $\left|\dfrac{z}{w}\right|^2=\left(\dfrac{z}{w}\right)\cdot\overline{\left(\dfrac{z}{w}\right)}=\dfrac{z}{w}\cdot\dfrac{\bar{z}}{\bar{w}}=\dfrac{z\bar{z}}{w\bar{w}}=\dfrac{|z|^2}{|w|^2}=\left(\dfrac{|z|}{|w|}\right)^2$
  $\left|\dfrac{z}{w}\right|\geqq 0$、$\dfrac{|z|}{|w|}\geqq 0$ だから $\left|\dfrac{z}{w}\right|=\dfrac{|z|}{|w|}$

● 複素数平面上の距離

最後に、複素数平面上の2点間の距離を表すことを考えよう。

2点を$P(z)$、$Q(w)$とし、$z = a + bi$、$w = c + di$（a、b、c、dは実数）とする。図1.22から、ピタゴラスの定理より、

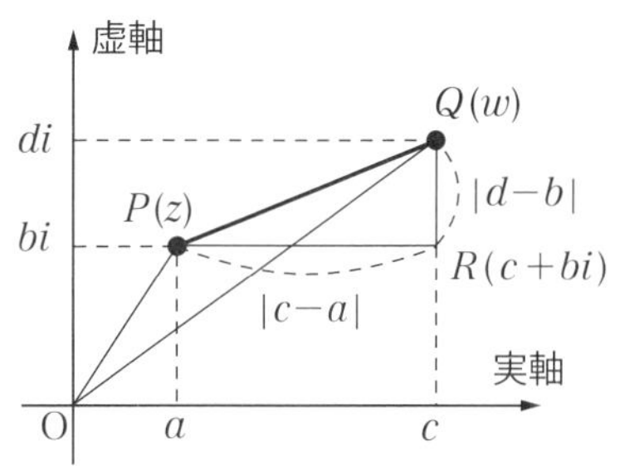

$$PQ^2 = (c-a)^2 + (d-b)^2$$

よって

$$PQ = \sqrt{(c-a)^2 + (d-b)^2} \cdots\cdots ①$$

一方、$w - z = (c + di) - (a + bi) = (c - a) + (d - b)i$ だから、

$$|w - z| = \sqrt{(c-a)^2 + (d-b)^2} \cdots\cdots ②$$

①、②より $PQ = |w - z|$

図1.22

> 2点$P(z)$と$Q(w)$の距離PQは $PQ = |w - z|$

問題1.16 次の2点z、wの距離を求めよ（解答62ページ）。

(1) $z = 5 + 2i$、$w = 1 - i$　　　(2) $z = 2 - 5i$、$w = 7 + 7i$

6 関数

オイラーの公式

$$e^{ix} = \cos x + i \sin x$$

の中には、三角関数$\sin x$、$\cos x$と指数関数e^{ix}が含まれている。そこでここでは、関数の基本を学んでいく。

● 関数とは

① 今、$y = x^2$という式を考える。

$x = 2$ のとき $y = 2^2 = 4$、

$x=-2$ のとき $y=(-2)^2=4$ となる。

このように、1つの実数xに対して、ただ1つの実数yが定まるとき、yをxの**関数**という（図1.23）。このように、yの値はxの値で決まるので、xを**独立変数**、yを**従属変数**という。

ここで独立変数xを実数としているが、複素数としても同じように定義できる。この場合は、**複素関数**ということもある。しかし本書では、とくに断りがないときは、独立変数xを実数とする。

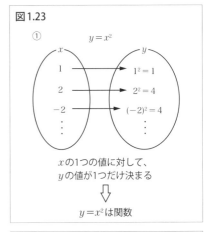

図1.23

② 次に、$y^2=x$という式ではどうか。

$x=4$のとき、$y^2=4$であるから、$y=2$ または -2

$y^2=x$は、1つの実数$x=4$に対して、2つの実数2、-2が対応するので、$y^2=x$は関数とはいわない（図1.24）。

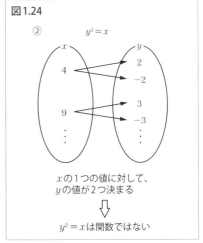

図1.24

③ 最後に、$y=\sqrt{x}$という式を調べよう。

$x=1$のとき $y=\sqrt{1}=1$、
$x=4$のとき $y=\sqrt{4}=2$

となるから、1つの実数xに対して実数yがただ1つ決まる。よって、$y=\sqrt{x}$は関数である。しかし、xに代入できる実数は0以上の実数に限られる。

③の例のように、xに代入できる値の範囲を関数yの**定義域**という。これに対して、yのとれる値の範囲を**値域**という（図1.25）。

関数$y=x^2$の定義域は実数全体であり、値域は$y\geq 0$である。関数$y=\sqrt{x}$の定義域は$x\geq 0$であり、値域は$y\geq 0$である。

問題1.17 関数$y=\dfrac{1}{x}$の定義域と値域を求めよ(解答63ページ)。

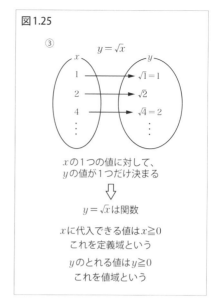

図1.25

xの1つの値に対して、yの値が1つだけ決まる
⇩
$y=\sqrt{x}$は関数

xに代入できる値は$x\geq 0$
これを定義域という

yのとれる値は$y\geq 0$
これを値域という

このようにxについての関数yは、xの値に対してyの値がただ1つだけ決まればよいので、関数は無数にある。そこで、すべての関数を総称して$y=f(x)$などと書く。関数は、英語でfunctionなので、頭文字fを使う場合が多い。しかし、f以外にも、$y=g(x)$、$y=h(x)$と書くこともある。

fuction(関数、ラテン語でfunctio；機能の意味)という言葉は、ドイツのゴットフリート・ライプニッツ(1646〜1716年)によって1693年に用いられた。そして、オイラーが関数をfuctionの頭文字のfを用いて$f(x)$と書いた。

関数$y=-2x^2+10x$とき、$f(x)=-2x^2+10x$とおくと、
$$f(1)=-2\cdot 1^2+10\cdot 1=8$$

xに同じ数を入れる

$$f(-3)=-2\cdot(-3)^2+10\cdot(-3)=-48$$

問題1.18 $f(x)=-2x+3$のとき、次の値を求めよ(解答63ページ)。
(1) $f(0)$ 　　(2) $f(2)$ 　　(3) $f(-1)$

● 関数を見えるようにしたグラフ

関数がどのような対応関係を表しているかを調べるとき、数字を羅列しただけでは、その対応関係がわかりにくい。そこで、この関数を目で見えるようにしたのがグラフである。

関数 $y = x^2$ では、
$x = 1$ のとき $y = 1^2 = 1$ なので、座標平面上に点 $(1、1)$ をとる。
$x = 2$ のときは $y = 2^2 = 4$ なので、座標平面上に点 $(2、4)$ をとる。

このように、$x = a$ のとき y の値 $y = a^2$ を求め、点 $(a、a^2)$ を座標平面上にとる。

このことを関数の定義域に含まれるすべての x の値に対し行うと、座標平面上に1つの図形が現れる。この図形が、関数 $y = x^2$ のグラフである(図1.26)。

一般に、関数 $y = f(x)$ のとき、$x = a$ の y の値は $f(a)$ であるから、$y = f(x)$ のグラフは、点 $(a、f(a))$ の集合である。

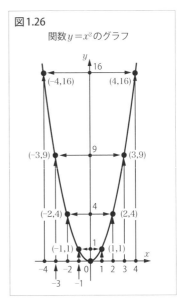

図1.26
関数 $y = x^2$ のグラフ

 問題1.19　$y = x^3$ のグラフの概形を、点をとって描け(解答63ページ)。

7. 定数関数・1次関数・2次関数のグラフ

すでに、x を変数とする関数として $y = x^2$ や $y = -2x^2 + 10x$ が出てきたが、これらを2次関数という。一般に、a、b、c を定数(ただし、$a \neq 0$)として、

定数は、ある定められた数で、変数のように数を代入することができない

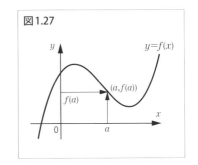

図1.27

$$y = ax^2 + bx + c \tag{1.10}$$

を x を変数とする**2次関数**という。そして、かけ算だけでつながっている ax^2、bx、c の1つひとつを**項**といい、各項で x 以外の数または文字を**係数**という。また、項の中でかけ算されている x の個数を項の**次数**という。

図1.28

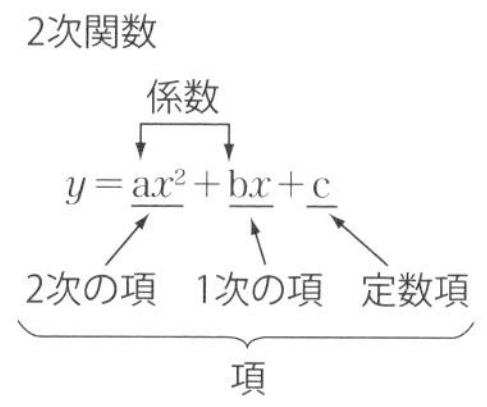

2次関数
係数
$y = ax^2 + bx + c$
2次の項　1次の項　定数項
項

たとえば、

ax^2 は2次の項で、その係数は a

bx は1次の項で、その係数は b

である。さらに、x がかけ算されていない項を**定数項**という。ここでは、c が定数項である。

(1.10)の項の中で次数が最大であるのは2次の項であるから、(1.10)を2次関数という。

さらに、一般に項の最大の次数が n のとき、すなわち、

$$y = a_n x^n + a_{n-1} x^{n-1} + \cdots\cdots + a_1 x + a_0 \quad (a_n \neq 0)$$

を **n 次関数**という。

◉ 定数関数

もっとも簡単な関数は、c を定数として、

$$y = c$$

という関数である。これを**定数関数**といい、すべての x の値に対して、y の値は常に c である。

$y = c$ のグラフは、点 $(0, c)$ を通り、x 軸に平行な直線である(図1.29)。これも、立派な関数である。

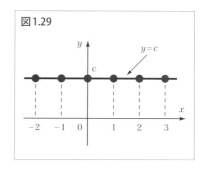

図1.29

● 1次関数

a、b を定数(ただし、$a \neq 0$)、x を変数として、
$$y = ax + b \tag{1.11}$$
を 1 次関数という。

たとえば、1 次関数 $y = 2x + 3$ のグラフを考えよう。

$x = -3$ を代入すると、$y = 2 \cdot (-3) + 3 = -3$

同じように計算すると、$x = p$ の値に対して、$2p + 3$ の値は次の表のようになる。

表1.1

x	-3	-2	-1	0	1	2	3
$2x+3$	-3	-1	1	3	5	7	9

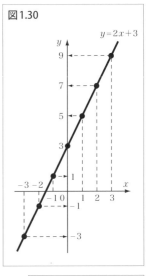

図1.30

これらの点を座標平面上に取り滑らかな曲線で結んでいくと、図1.30のような直線になる。

ここで、注意することは、

① x の値が 1 増えると、y の値は 2 増える。

この 2 は 1 次の項 $2x$ の係数に等しい。なぜならば、$x = k$ から 1 増えると、y の値は
$$\{2(k+1) + 3\} - (2k + 3)$$
$$= 2k + 2 + 3 - 2k - 3 = 2$$

（$2x$ の 2 が残る）

と、k の値に関係なく 2 増えることになる。

この 1 次の項 $2x$ の係数 2 のことを直線の**傾き**という（図1.31）。

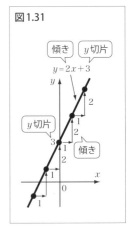

図1.31

② $x = 0$ を $y = 2x + 3$ に代入すると、
$$y = 2 \cdot 0 + 3 = 3$$
となり、直線は点 $(0, 3)$ を通る。この点は y 軸上の点だから、この 3 を **y 切片**という。この 3 は 1

次関数の定数項である（図1.31）。

それでは、1次関数 $y = -x + 2$ のグラフを描いてみよう。

① y 切片は2であるから、点$(0, 2)$ を通る。そこでまず、点$(0, 2)$ を y 軸上にとる
② 傾きは-1だから、x の値が1増えると、y の値は-1増える（1減る）。そこで、点$(1, 1)$ を座標平面上にとる
③ 2点$(0, 2)$、$(1, 1)$ を直線で結ぶ

そこで、$y = -x + 2$ のグラフは、図1.32の太い実線になる。

問題1.20 次の1次関数のグラフを描け（解答63ページ）。
(1) $y = \dfrac{1}{2}x + 1$ (2) $y = -3x - 2$

● 2次関数

a、b、cを定数（ただし、$a \neq 0$）、xを変数として、
$$y = ax^2 + bx + c$$
を2次関数といった。2次関数のグラフは、**放物線**である。

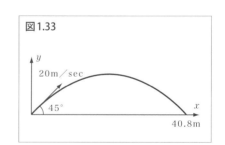

2次関数は、世の中でよく見られる現象を表している。もっとも代表的な例は、ボールを投げたときの軌跡である。たとえば、秒速$20m$で水平方向から$45°$の角度で投げられたボールは、
$$y = -0.0245x^2 + x$$
で表される曲線を描きながら飛んでいく（ただし、空気抵抗などを無視する）。そこで、2次関数のグラフを、**放物線**という（図1.33）。

また、衛星放送を受信するパラボラアンテナは放物線を軸の周りに回転

させてできる面になっている。このような面を**放物面**という（図1.34）。

このように、2次関数はいろいろなところで利用される大切な関数である。

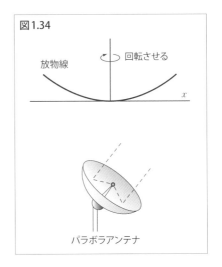

(1) そこで、2次関数

$y = x^2 + 6x + 5$ のグラフを考えよう。

① この場合は、xに数を代入する前に、次のような変形をする。

$$\begin{aligned} y = x^2 + 6x + 5 &= x^2 + 2\cdot 3x + 3^2 - 3^2 + 5 \\ &= (x+3)^2 - 3^2 + 5 \\ &= (x+3)^2 - 4 \end{aligned}$$

$x^2 + 2\cdot 3x + 3^2 = (x+3)^2$

公式
$a^2 + 2ab + b^2 = (a+b)^2$
を利用するために、3^2を足し、その分3^2を引いておく

このように変形すると、$(x+3)^2 \geq 0$だから、

$$y = x^2 + 4x + 5 = (x+3)^2 - 4 \geq 0 - 4 = -4$$

となる。$x+3=0$となるのは$x=-3$のときだから、

$x = -3$のとき、yの最小値が-4であることがわかる。

② 次に、-3を中心に前後2、3個の値をxに代入する。ここでは、$y = (x+3)^2 - 4$のxに-6、-5、-4、-3、-2、-1、0を代入しよう。

$x = -6$のとき、$y = (-6+3)^2 - 4 = (-3)^2 - 4 = 5$

である。同じように計算すると次の表になる。

表1.2

x	-6	-5	-4	-3	-2	-1	0
$(x+3)^2 - 4$	5	0	-3	-4	-3	0	5

これらの点を座標にとって、滑らかな曲線で結ぶと、グラフは図1.35

のようになる。

　このグラフを見ると、グラフは下に突き出た形をしている。このようなグラフを**下に凸**という。その先端が点$(-3, -4)$で、この点を**頂点**という。さらに、このグラフは、頂点を通る直線$x=-3$に関して左右対称になっている。この直線$x=-3$を**軸**という。

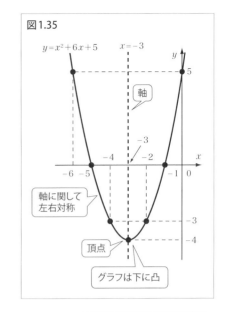

(2) 次に、2次関数$y=-2x^2+4x+1$のグラフを考えよう。

① まず、次のように、式を変形をする。

$$\begin{aligned}
y = -2x^2+4x+1 &= -2\{x^2-2x\}+1 \\
&= -2\{x^2-2\cdot 1\cdot x\}+1 \\
&= -2\{x^2-2\cdot 1\cdot x+1^2-1^2\}+1 \\
&= -2\{(x-1)^2-1^2\}+1 \\
&= -2(x-1)^2+2+1 \\
&= -2(x-1)^2+3
\end{aligned}$$

x^2の係数を1にするために、-2を前の2項からくくり出す

$\{\ \}$の中で、$a^2-2ab+b^2=(a-b)^2$を利用するために、1^2を足して1^2を引く

このように変形すると、$-2(x-1)^2\leq 0$だから、
$$y=-2x^2+4x+1=-2(x-1)^2+3\leq 0+3=3$$
となる。$x-1=0$となるのは$x=1$のときだから、
　　$x=1$のとき、yの最大値が3であることがわかる。

② ここでは、$y=-2(x-1)^2+3$のxに-1、0、1、2、3を代入すると表1.3のようになる。

表1.3

x	-1	0	1	2	3
$-2(x-1)^2+3$	-5	1	3	1	-5

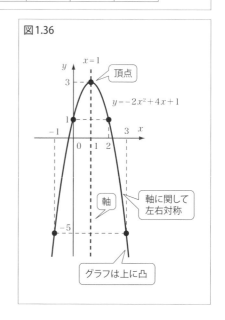

図1.36

これらの点を座標平面にとって滑らかな曲線で結ぶと、グラフは図1.36のようになる。

このグラフを見ると、グラフは上に突き出た形をしている。このようなグラフを**上に凸**という。その先端が点$(1,3)$で、この点を**頂点**という。さらに、このグラフは、頂点を通る直線$x=1$に関して左右対称になっている。この直線$x=1$を**軸**という。

問題1.21 次の2次関数のグラフを描け（解答64ページ）。

(1) $y = x^2 - 4x - 1$ (2) $y = -\dfrac{1}{2}x^2 - x + \dfrac{3}{2}$

3次以上の関数については、2次関数のように簡単に変形ができないので、微分を利用してグラフを描く。そこで、3次以上の関数のグラフについては、第4章で考えよう。

8 逆関数と合成関数

● 逆の対応を表す関数

関数$y=f(x)$はxの値からyの値を対応させるが（図1.37）、この逆でy

の値からxの値を対応させる関数を求めることを考えよう（図1.38）。

たとえば、

$$1次関数 \quad y=2x \quad (1.12)$$

の逆の対応を考える。つまり、yの値に対してxの値を対応させる。

$y=2$ならば　$2=2x$　よって　$x=2\times\dfrac{1}{2}=1$

$y=4$ならば　$4=2x$　よって　$x=4\times\dfrac{1}{2}=2$

　　　　　　　　⋮

となる。そこで、(1.12)をxについて解いて、

$$x=\dfrac{1}{2}y \quad (1.13)$$

これは(1.12)の逆の対応を与える関数である。ところが、数学では独立変数をx、従属変数をyとするのが習慣だから、(1.13)のxとyを入れ換えて、

$$y=\dfrac{1}{2}x \quad (1.14)$$

と書く。(1.14)を(1.12)の**逆関数**という。

一般に、$y=f(x)$の逆関数を$y=f^{-1}(x)$と書く。そして、逆関数$y=f^{-1}(x)$のグラフは、元の関数$y=f(x)$のxとyを入れ替えるため、y軸がx軸に移り、x軸がy軸に移る（図1.39）。このため、直線$y=x$に関して、対象に移動したことになる（図1.40）。

このことから、次のことがいえる。

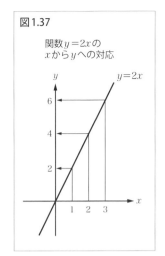

図1.37
関数$y=2x$の
xからyへの対応

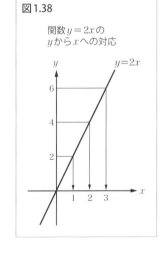

図1.38
関数$y=2x$の
yからxへの対応

$y=f(x)$のグラフと逆関数$y=f^{-1}(x)$のグラフは、直線$y=x$に関して対象である。

問題1.22　$y=3x+2$の逆関数を求めよ（解答65ページ）。

次に関数 $y=x^2$ の逆関数を考えよう。
x について解くと $x^2=y$ より、
$$x=\pm\sqrt{y}$$
x と y を入れ替えて $y=\pm\sqrt{x}$
となる。このとき、$x=4$ に対応する y の値は $y=\pm 2$ である（図1.41）。このように、x の1つの値に対して2つ以上の y の値が対応するときは、関数とはいわない。したがって、$y=x^2$ の逆関数は存在しない。

そこで関数 $y=x^2$ では、定義域を制限して、定義域の x と値域の y が1対1の対応がつくようにして逆関数を考える。

（$x\geqq 0$）は $y=x^2$ の定義域

$y=x^2\,(x\geqq 0)$ の逆関数は $y=\sqrt{x}$ （図1.42）
$y=x^2\,(x\leqq 0)$ の逆関数は $y=-\sqrt{x}$ （図1.43）
となる。

対数関数が指数関数の逆関数であることを第3章で見ていく。

問題 1.23 $y=x^2+1\,(x\leqq 0)$ の逆関数を求めよ（解答66ページ）。

● 独立変数 x に関数を代入

2つの関数 $y=f(x)$、$y=g(x)$ があり、$g(x)$ の値域が、$f(x)$ の定義域に含まれるとき、$f(x)$ の x に、$g(x)$ を代

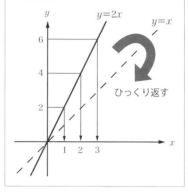

図1.39

y が独立変数、x が従属変数になるので、y 軸を横軸に、x 軸を縦軸にする。そのために、直線 $y=x$ を軸にしてひっくり返す。

ひっくり返す

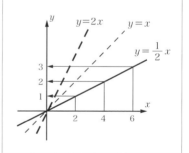

図1.40

$y=2x$ のグラフと $y=\dfrac{1}{2}x$ のグラフは直線 $y=x$ に関して対象

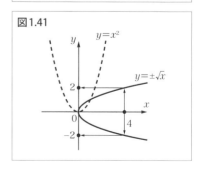

図1.41

入すると、新しい関数 $y = f(g(x))$ が得られる。

この関数を，$f(x)$ と $g(x)$ の**合成関数**といい，$(f \circ g)(x)$ と書く（図1.44）。

すなわち，

$$(f \circ g)(x) = f(g(x)) \qquad (1.15)$$

たとえば，

$f(x) = x + 2$，$g(x) = x^2$ のとき，

$(f \circ g)(x) = f(g(x))$
$\qquad = f(x^2) = x^2 + 2$
$(g \circ f)(x) = g(f(x))$
$\qquad = g(x+2) = (x+2)^2$

となる（図1.45）。

このとき $(f \circ g)(x) \neq (g \circ f)(x)$ である。

このように，一般に

$$(f \circ g)(x) \neq (g \circ f)(x)$$

となる。

問題1.24 $f(x) = x^2 - 1$、$g(x) = 2x + 1$ のとき、次の合成関数を求めよ（解答66ページ）。

(1) $(f \circ g)(x)$
(2) $(g \circ f)(x)$

$f(x) = 2x$ の逆関数は $f^{-1}(x) = \dfrac{1}{2}x$ であった。この2つの関数の合成関数は，

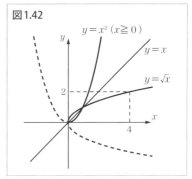

図1.42

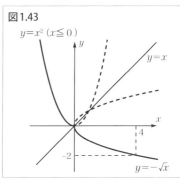

図1.43

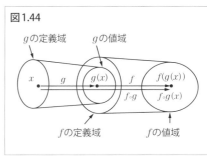

図1.44

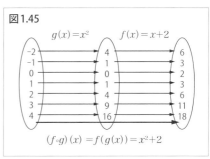

図1.45

$$(f \circ f^{-1})(x) = f(f^{-1}(x)) = f\left(\frac{1}{2}x\right) = 2\left(\frac{1}{2}x\right) = x$$
$$(f^{-1} \circ f)(x) = f^{-1}(f(x)) = f^{-1}(2x) = \frac{1}{2}(2x) = x$$

となる。

このことは、一般にいえて、
$$(f \circ f^{-1})(x) = (f^{-1} \circ f)(x) = x$$
となる。

問題 1.25 $f(x) = -5x + 1$ の逆関数 $f^{-1}(x)$ を求め、$(f \circ f^{-1})(x) = (f^{-1} \circ f)(x) = x$ であることを確かめよ（解答67ページ）。

1つの複雑な関数を2つの簡単な関数の合成関数と考えることによって、問題が解きやすくなったり、計算が容易になったりすることがある。本書では、複雑な関数を微分するときに、2つの簡単な関数の合成関数と考えて微分することがある。

解 答

問題1.1 次の値を求めよ。

(1) $9^2 = 81$ だから、81の平方根は $9, \ -9$

(2) $\sqrt{16} = \sqrt{4^2} = 4$ (3) $\sqrt{(-5)^2} = \sqrt{25} = 5$

問題1.2 次の式を簡単にせよ。

(1) $\sqrt{48} = \sqrt{16 \cdot 3} = \sqrt{4^2 \cdot 3} = 4\sqrt{3}$

(2) $\sqrt{0.09} = \sqrt{(0.3)^2} = 0.3$

(3) $\sqrt{8} + \sqrt{32} - \sqrt{50} = \sqrt{2^2 \cdot 2} + \sqrt{4^2 \cdot 2} - \sqrt{5^2 \cdot 2} = 2\sqrt{2} + 4\sqrt{2} - 5\sqrt{2} = \sqrt{2}$

(4) $\sqrt{45} - \sqrt{24} - \sqrt{\dfrac{5}{4}} + \sqrt{54} = \sqrt{3^2 \cdot 5} - \sqrt{2^2 \cdot 6} - \dfrac{\sqrt{5}}{\sqrt{2^2}} + \sqrt{3^2 \cdot 6}$

$\qquad = 3\sqrt{5} - 2\sqrt{6} - \dfrac{\sqrt{5}}{2} + 3\sqrt{6}$

$\qquad = 3\sqrt{5} - \dfrac{\sqrt{5}}{2} + 3\sqrt{6} - 2\sqrt{6} = \dfrac{5}{2}\sqrt{5} + \sqrt{6}$

(5) $\sqrt{6}(2\sqrt{3} - \sqrt{2}) = 2\sqrt{3} \cdot \sqrt{6} - \sqrt{2} \cdot \sqrt{6}$

$\qquad = 2\sqrt{3 \cdot 6} - \sqrt{2 \cdot 6} = 2\sqrt{3^2 \cdot 2} - \sqrt{2^2 \cdot 3}$

$\qquad = 2 \cdot 3\sqrt{2} - 2\sqrt{3} = 6\sqrt{2} - 2\sqrt{3}$

(6) $(\sqrt{6} - \sqrt{3})^2 = \sqrt{6}^2 - 2 \cdot \sqrt{6} \cdot \sqrt{3} + \sqrt{3}^2 = 6 - 2\sqrt{3^2 \cdot 2} + 3 = 9 - 6\sqrt{2}$

問題1.3 次の式の分母を有理化せよ。

(1) $\dfrac{1}{\sqrt{12}} = \dfrac{1}{\sqrt{2^2 \cdot 3}} = \dfrac{1}{2\sqrt{3}} = \dfrac{\sqrt{3}}{2\sqrt{3} \cdot \sqrt{3}} = \dfrac{\sqrt{3}}{2 \cdot 3} = \dfrac{\sqrt{3}}{6}$

(2) $\dfrac{3}{\sqrt{15}} = \dfrac{3\sqrt{15}}{\sqrt{15} \cdot \sqrt{15}} = \dfrac{3\sqrt{15}}{15} = \dfrac{\sqrt{15}}{5}$

(3) $\dfrac{\sqrt{3}}{\sqrt{3} + \sqrt{2}} = \dfrac{\sqrt{3}(\sqrt{3} - \sqrt{2})}{(\sqrt{3} + \sqrt{2})(\sqrt{3} - \sqrt{2})} = \dfrac{\sqrt{3} \cdot \sqrt{3} - \sqrt{3} \cdot \sqrt{2}}{\sqrt{3}^2 - \sqrt{2}^2} = \dfrac{3 - \sqrt{6}}{3 - 2} = 3 - \sqrt{6}$

(4) $\dfrac{3 + \sqrt{5}}{3 - \sqrt{5}} = \dfrac{(3 + \sqrt{5})^2}{(3 - \sqrt{5})(3 + \sqrt{5})} = \dfrac{3^2 + 2 \cdot 3 \cdot \sqrt{5} + \sqrt{5}^2}{3^2 - \sqrt{5}^2} = \dfrac{9 + 6\sqrt{5} + 5}{9 - 5}$

$\qquad = \dfrac{14 + 6\sqrt{5}}{4} = \dfrac{7 + 3\sqrt{5}}{2}$

問題1.4 次の値を求めよ。

(1) $\sqrt[4]{9^2} = \sqrt[4]{(3^2)^2} = \sqrt[4]{3^4} = 3$

(2) $\sqrt[3]{4} \times \sqrt[3]{16} = \sqrt[3]{4 \times 16} = \sqrt[3]{4^3} = 4$

(3) $\dfrac{\sqrt[3]{250}}{\sqrt[3]{2}} = \sqrt[3]{\dfrac{250}{2}} = \sqrt[3]{125} = \sqrt[3]{5^3} = 5$

(4) $\sqrt[5]{\sqrt{1024}} = \sqrt[5]{\sqrt{2^{10}}} = \sqrt[10]{2^{10}} = 2$

(5) $\sqrt[8]{16} = \sqrt[8]{2^4} = \sqrt[2]{\sqrt[4]{2^4}} = \sqrt[2]{2} = \sqrt{2}$

(6) $\sqrt[4]{32} - \sqrt[4]{162} = \sqrt[4]{2^4 \cdot 2} - \sqrt[4]{3^4 \cdot 2} = 2\sqrt[4]{2} - 3\sqrt[4]{2} = -\sqrt[4]{2}$

問題1.5 $|x| = 9$ となる実数 x を求めよ。

$$x = \pm 9$$

問題1.6 次の値を求めよ。

(1) $|-5| - |4| = 5 - 4 = 1$

(2) $|2 - \sqrt{2}| + |1 - \sqrt{2}|$

$1 < \sqrt{2} < 2$ だから $2 - \sqrt{2} > 0$、$1 - \sqrt{2} < 0$

$|2 - \sqrt{2}| + |1 - \sqrt{2}| = (2 - \sqrt{2}) - (1 - \sqrt{2}) = 2 - \sqrt{2} - 1 + \sqrt{2} = 1$

問題1.7 a、b、c が実数のとき $|a+b+c| \leqq |a| + |b| + |c|$ を証明せよ。

(1.6) より、

$|a+b+c| \leqq |a| + |b+c|$（等号は、$a(b+c) \geqq 0$ のとき成り立つ）

$\leqq |a| + |b| + |c|$（等号は、$bc \geqq 0$ のとき成り立つ）

等号は、「$a(b+c) \geqq 0$」かつ「$bc \geqq 0$」のとき成り立つから

「$a(b+c) \geqq 0$」かつ「$bc \geqq 0$」

$\Longleftrightarrow$「$a(b+c) \geqq 0$」かつ『「$b \geqq 0$、$c \geqq 0$」または「$b \leqq 0$、$c \leqq 0$」』

$\Longleftrightarrow$『「$a(b+c) \geqq 0$」かつ「$b \geqq 0$、$c \geqq 0$」』

または『「$a(b+c) \geqq 0$」かつ「$b \leqq 0$、$c \leqq 0$」』

$\Longleftrightarrow$「$a \geqq 0$、$b \geqq 0$、$c \geqq 0$」または「$a \leqq 0$、$b \leqq 0$、$c \leqq 0$」

以上のことから、

$$|a+b+c| \leqq |a| + |b| + |c|$$

等号は、「$a \geqq 0$、$b \geqq 0$、$c \geqq 0$」または「$a \leqq 0$、$b \leqq 0$、$c \leqq 0$」のとき成り立つ。

問題1.8 次の2点間の距離ABを求めよ。

(1) $AB = |3-7| = |-4| = 4$

(2) $AB = |3-(-2)| = |5| = 5$

(3) $AB = |-6-(-2)| = |-6+2| = |-4| = 4$

問題1.9 次の計算をせよ。

(1) $(2-i)-(5+2i) = 2-i-5-2i = (2-5)+(-i-2i) = -3-3i$

(2) $(2+i)^2 = 2^2+2\cdot2\cdot i+i^2 = 4+4i+(-1) = 3+4i$

(3) $i+i^3+i^5+i^7 = i+i^2\cdot i+i^4\cdot i+i^4\cdot i^2\cdot i$
$= i+(-1)\cdot i+1\cdot i+1\cdot(-1)\cdot i = i-i+i-i = 0$

問題1.10 次の複素数と共役な複素数との和、積を求めよ。

(1) $5-2i$ の共役複素数は $5+2i$

和：$(5-2i)+(5+2i) = 10$

積：$(5-2i)(5+2i) = 5^2-2^2i^2 = 25-2^2(-1) = 25+4 = 29$

(2) $3i$ の共役複素数は $-3i$

和：$3i+(-3i) = 0$

積：$3i(-3i) = -3^2i^2 = -9\cdot(-1) = 9$

問題1.11 次の計算をせよ。

(1) $\dfrac{3+i}{1+2i} = \dfrac{(3+i)(1-2i)}{(1+2i)(1-2i)} = \dfrac{3-3\cdot2i+i-2i^2}{1^2-2^2i^2} = \dfrac{3-6i+i-(-2)}{1+4}$
$= \dfrac{5-5i}{5} = 1-i$

(2) $\dfrac{i}{2-i} = \dfrac{i(2+i)}{(2-i)(2+i)} = \dfrac{2i+i^2}{2^2-i^2} = \dfrac{2i-1}{4+1} = \dfrac{-1+2i}{5} = -\dfrac{1}{5}+\dfrac{2}{5}i$

(3) $\dfrac{3-5i}{3+5i} = \dfrac{(3-5i)^2}{(3+5i)(3-5i)} = \dfrac{9-2\cdot3\cdot5i+5^2i^2}{3^2-5^2i^2} = \dfrac{9-30i-25}{9+25}$
$= \dfrac{-16-30i}{34} = \dfrac{-8-15i}{17} = -\dfrac{8}{17}-\dfrac{15}{17}i$

問題1.12 次の計算をせよ。

(1) $\sqrt{-18}\sqrt{-8} = \sqrt{18}i \cdot \sqrt{8}i = \sqrt{18\cdot 8}i^2 = \sqrt{2^4\cdot 3^2}\cdot(-1) = -12$

(2) $\dfrac{\sqrt{27}}{\sqrt{-9}} = \dfrac{\sqrt{27}}{\sqrt{9}i} = \sqrt{\dfrac{27}{9}}\cdot \dfrac{i}{i^2} = \sqrt{3}\cdot \dfrac{i}{-1} = -\sqrt{3}i$

(3) $\sqrt{-3}\left(\dfrac{\sqrt{6}}{\sqrt{-2}} - \sqrt{-15}\right) = \sqrt{3}i\left(\dfrac{\sqrt{6}}{\sqrt{2}i} - \sqrt{15}i\right) = \dfrac{\sqrt{3}i\cdot\sqrt{6}}{\sqrt{2}i} - \sqrt{3}i\sqrt{15}i$

$\qquad\qquad = \dfrac{3\sqrt{2}i}{\sqrt{2}i} - 3\sqrt{5}\cdot i^2 = 3 + 3\sqrt{5}$

問題1.13 図1.19の複素数平面上の点$B〜D$を表す複素数を記せ。

(例) $A(3+2i)$

(1) $B(3i)$

(2) $C(-2-3i)$

(3) $D(4-2i)$

問題1.14 次の複素数で表された点を、図1.19の複素数平面上に記せ。

問題1.15 次の複素数の絶対値を求めよ。

(1) $|4-3i| = \sqrt{4^2 + (-3)^2} = \sqrt{16+9} = \sqrt{25} = 5$

(2) $|-\sqrt{5}+2i| = \sqrt{(-\sqrt{5})^2 + 2^2} = \sqrt{5+4} = \sqrt{9} = 3$

(3) $|-4| = \sqrt{(-4)^2 + 0^2} = \sqrt{16} = 4$

(4) $|2i| = \sqrt{0^2 + 2^2} = \sqrt{4} = 2$

問題1.16 次の2点z、wの距離を求めよ。

(1) $|w-z| = \sqrt{(1-5)^2 + (-1-2)^2} = \sqrt{16+9} = \sqrt{25} = 5$

(2) $|w-z| = \sqrt{(7-2)^2 + (7+5)^2} = \sqrt{25+144} = \sqrt{169} = 13$

問題1.17 関数 $y=\dfrac{1}{x}$ の定義域と値域を求めよ。

分母は、0にならないから
定義域は、0を除く実数、
値域は0を除く実数

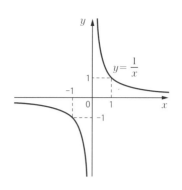

問題1.18 $f(x)=-2x+3$ のとき、次の値を求めよ。

(1) $f(0)=-2\cdot 0+3=3$
(2) $f(2)=-2\cdot 2+3=-1$
(3) $f(-1)=-2\cdot(-1)+3=5$

問題1.19 $y=x^3$ のグラフの概形を、点をとって描け。

x に対する y の値を表にすると、次のようになる。

x	-2	-1	$-\dfrac{1}{2}$	0	$\dfrac{1}{2}$	1	2
y	-8	-1	$-\dfrac{1}{8}$	0	$\dfrac{1}{8}$	1	8

これらの点をとって、グラフを書くと右の図の太い実線になる。

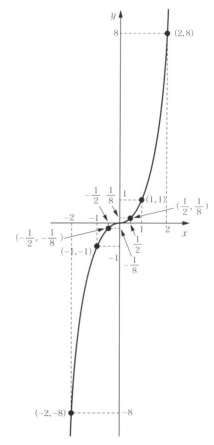

問題1.20 次の1次関数のグラフを描け。

(1) $y=\dfrac{1}{2}x+1$ (2) $y=-3x-2$

(解答)
(1) y 切片が1で、傾きが $\dfrac{1}{2}$ だから、

① 点 $(0, 1)$ をとり、

② x が1増えたら、y は $\frac{1}{2}$ 増えるから、x が2増えたら、y は1増える。

したがって $y = \frac{1}{2}x + 1$ のグラフは右の図の太い実線になる。

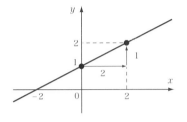

(2) y 切片が -2 で、傾きが -3 だから、

① 点 $(0, -2)$ をとり、

② x が1増えたら、y は -3 増える。

したがって、$y = -3x - 2$ のグラフは、右の図の太い実線になる。

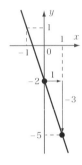

問題1.21 次の2次関数のグラフを描け。

(1) $y = x^2 - 4x - 1$ (2) $y = -\frac{1}{2}x^2 - x + \frac{3}{2}$

(解答)

(1) ① $y = x^2 - 4x - 1 = x^2 - 2 \cdot 2x + 2^2 - 2^2 - 1$
$= (x - 2)^2 - 5$

頂点が $(2, -5)$

② 2を中心に、-1、0、1、2、3、4、5 を x に代入すると、次の表のようになる。

x	-1	0	1	2	3	4	5
y	4	-1	-4	-5	-4	-1	4

したがって、$y = x^2 - 4x - 1$ のグラフは、右の図の太い実線になる。

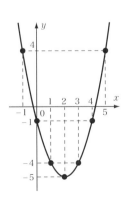

(2) $y = -\dfrac{1}{2}x^2 - x + \dfrac{3}{2}$

$= -\dfrac{1}{2}\{x^2 + 2x\} + \dfrac{3}{2}$

$= -\dfrac{1}{2}\{x^2 + 2\cdot 1 x + 1^2 - 1^2\} + \dfrac{3}{2}$

$= -\dfrac{1}{2}\{(x+1)^2 - 1\} + \dfrac{3}{2}$

$= -\dfrac{1}{2}(x+1)^2 + \dfrac{1}{2} + \dfrac{3}{2}$

$= -\dfrac{1}{2}(x+1)^2 + 2$

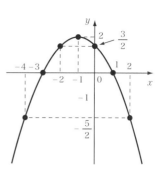

頂点が $(-1, 2)$

② -1 を中心に、-4、-3、-2、-1、0、1、2 を x に代入すると、表のようになる。

x	-4	-3	-2	-1	0	1	2
y	$-\dfrac{5}{2}$	0	$\dfrac{3}{2}$	2	$\dfrac{3}{2}$	0	$-\dfrac{5}{2}$

したがって、$y = -\dfrac{1}{2}x^2 - x + \dfrac{3}{2}$ のグラフは、上の図の太い実線になる。

問題1.22 $y = 3x + 2$ の逆関数を求めよ。

（解答）

$y = 3x + 2$ を x について解くと、

$y - 2 = 3x$

$3x = y - 2$

$x = \dfrac{y-2}{3}$

$x = \dfrac{1}{3}y - \dfrac{2}{3}$

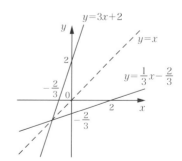

x と y を入れ替えて、逆関数は

$y = \dfrac{1}{3}x - \dfrac{2}{3}$

グラフを描くと右の図になる。

問題 1.23 $y = x^2 + 1$ $(x \leq 0)$ の逆関数を求めよ。

(解答)

$y = x^2 + 1$ を x について解くと

$$x^2 = y - 1$$

$x \leq 0$ だから $x = -\sqrt{y-1}$

x と y を入れ替えて

$$y = -\sqrt{x-1}$$

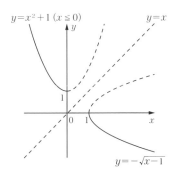

問題 1.24 $f(x) = x^2 - 1$、$g(x) = 2x + 1$ のとき、次の合成関数を求めよ。

(解答)

(1) $(f \circ g)(x) = f(g(x)) = f(2x+1) = (2x+1)^2 - 1 = 4x^2 + 4x$

(2) $(g \circ f)(x) = g(f(x)) = g(x^2-1) = 2(x^2-1) + 1 = 2x^2 - 1$

問題 1.25 $f(x) = -5x+1$ の逆関数を求め、$(f \circ f^{-1})(x) = (f^{-1} \circ f)(x) = x$ であることを確かめよ。

(解答)

$y = -5x+1$ とおいて、x について解くと $\quad x = -\dfrac{1}{5}y + \dfrac{1}{5}$

x と y を入れ替えて $\quad y = -\dfrac{1}{5}x + \dfrac{1}{5}$

よって $\quad f^{-1}(x) = -\dfrac{1}{5}x + \dfrac{1}{5}$

$(f \circ f^{-1})(x) = f(f^{-1}(x)) = f(-\dfrac{1}{5}x + \dfrac{1}{5}) = -5(-\dfrac{1}{5}x + \dfrac{1}{5}) + 1$
$\qquad = x - 1 + 1 = x$

$(f^{-1} \circ f)(x) = f^{-1}(f(x)) = f^{-1}(-5x+1) = -\dfrac{1}{5}(-5x+1) + \dfrac{1}{5}$
$\qquad = x - \dfrac{1}{5} + \dfrac{1}{5} = x$

よって $\quad (f \circ f^{-1})(x) = (f^{-1} \circ f)(x) = x$

第 2 章
三角関数

　ここでは、オイラーの公式 $e^{ix} = \cos x + i\sin x$ の $\sin x$、$\cos x$、そして $\tan x$ の三角関数について見ていく。

本章の流れ

1. 相似な直角三角形を利用して、三角比 $\sin\theta$、$\cos\theta$、$\tan\theta$ を定義する。そして、直角三角形から三角比の値を求める
2. 三角比の値を示した表を利用して、簡単な測量の問題を解き、円周率 π の近似値を求める。さらに、表を用いずに、30°、45°、60°の三角比の値を求める
3. 0°より大きく90°未満の角について定義された三角比を、すべての角について定義される三角関数に拡張する。そのために一般の角度の表し方を示し、その角についての三角関数の値の求める
4. 三角関数のグラフを描くが、そのためには、角の大きさを度で表すのは不適切である。そこで、角の大きさを表すのに、半径1の円の弧の長さを利用した弧度法を使う。この弧度法のもとで、$y = \sin x$、$y = \cos x$ のグラフを描く。そして、この2つのグラフの特徴を調べる
5. sin、cos、tan の間の関係について調べる。基本的な関係や三角関数の性質を調べ、そしてもっとも重要な加法定理を証明する。加法定理から「sin や cos の積を和または差になおす公式」や「和または差を積になおす公式」を導く

三角関数 $\sin x$、$\cos x$、$\tan x$ は、とても応用範囲の広い重要な関数である。とくに $\sin x$、$\cos x$ はすべての波を表すことができるので、波の解析になくてはならない関数である。交流電流、電波など私たちの身の周りには波が満ち溢れている。これらの波を制御するには、三角関数は欠かせない。この三角関数を知ることによって、現代文明の一端を垣間見ることができる。

1 三角比

三角比を直角三角形の相似を利用して定義したのは16世紀になってからで、ドイツのラエティクスが考えた。それ以前は、円の弦の長さで定義されていた。そのため、sinのことを日本では**正弦**（せいげん）と呼んでいる。

◉ 三角形の相似

2つの図形で、片方の図形をある比率で拡大または縮小すると、他方の図形に重なるとき、その2つの図形を**相似**という。この比率を**相似比**という。

とくに、2つの三角形が相似であるためには、次の3つ条件のうちの1つが成り立てばよい(図2.1)。

(1) 対応する3組の辺の長さの比がすべて等しい
(2) 対応する2組の辺の長さの比とその間の角がそれぞれ等しい

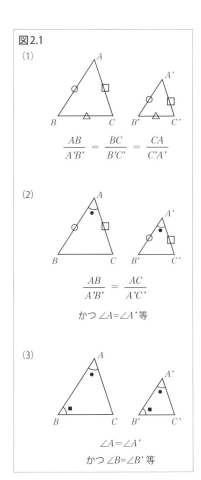

図2.1

(1)
$$\frac{AB}{A'B'} = \frac{BC}{B'C'} = \frac{CA}{C'A'}$$

(2)
$$\frac{AB}{A'B'} = \frac{AC}{A'C'}$$
かつ $\angle A = \angle A'$ 等

(3)
$\angle A = \angle A'$
かつ $\angle B = \angle B'$ 等

(3)対応する2組の角の大きさがそれぞれ等しい

2つの△ABCと△A'B'C'が相似であるとき、
$$△ABC ∽ △A'B'C'$$
と書く。英語で相似のことをsimilarという。記号∽は、その頭文字Sを横にしたもので、17世紀頃ドイツのライプニッツが用いた。

● 相似と三角比

図2.2の直角三角形ABCと直角三角形$AB'C'$において、
$$∠A = θ が共通、∠ACB = ∠AC'B' = 90°$$
であるから「対応する2組の角の大きさがそれぞれ等しい」ので、直角三角形$ABC ∽$直角三角形$AB'C'$である。

したがって、対応する辺の長さの比が等しいから、
$$\frac{AB'}{AB} = \frac{B'C'}{BC}$$

両辺に$\frac{BC}{AB}$をかけて、
$$\frac{BC}{AB} = \frac{B'C'}{AB'}$$

が成り立つ。

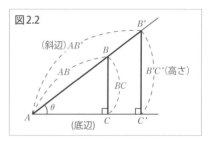
図2.2

この式は、相似な直角三角形の大きさに関係なく、
$$\frac{BC}{AB}\left(\frac{(高さ)}{(斜辺)}\right) = 一定$$
であることを示している。

次に、図2.3のように頂点Aの角を$φ(≠θ)$にすると、
$AB = AD$で$BC ≠ DE$であるから、
$\frac{DE}{AD}\left(\frac{(高さ)}{(斜辺)}\right)$は、$∠A = θ$の場合と異なる。

これらのことより、

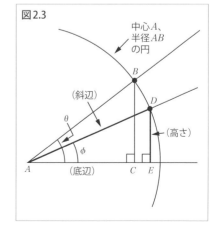
図2.3

$\dfrac{(高さ)}{(斜辺)}$ の比は、∠Aの大きさで決まり、相似な直角三角形の大きさにかかわらず、常に同じである。

この比 $\dfrac{BC}{AB}\left(\dfrac{(高さ)}{(斜辺)}\right)$ を θ の**正弦**または**サイン**とよび、$\sin\theta$ と書く(図2.4)。すなわち、

$$\sin\theta = \dfrac{BC}{AB} = \dfrac{(高さ)}{(斜辺)}$$

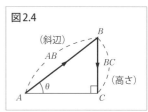

図2.4

同じように、$\dfrac{AC}{AB}\left(\dfrac{(底辺)}{(斜辺)}\right)$ の比も ∠A の大きさで決まり、相似な直角三角形の大きさにかかわらず、常に同じである。

この比 $\dfrac{AC}{AB}\left(\dfrac{(底辺)}{(斜辺)}\right)$ を θ の**余弦**または**コサイン**とよび、$\cos\theta$ と書く(図2.5)。すなわち、

$$\cos\theta = \dfrac{AC}{AB} = \dfrac{(底辺)}{(斜辺)}$$

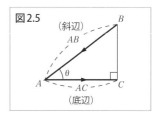

図2.5

同じように、$\dfrac{BC}{AC}\left(\dfrac{(高さ)}{(底辺)}\right)$ の比も ∠A の大きさで決まり、相似な直角三角形の大きさにかかわらず、常に同じである。

この比 $\dfrac{BC}{AC}\left(\dfrac{(高さ)}{(底辺)}\right)$ を θ の**正接**または**タンジェント**と呼び、$\tan\theta$ と書く(図2.6)。すなわち、

$$\tan\theta = \dfrac{BC}{AC} = \dfrac{(高さ)}{(底辺)}$$

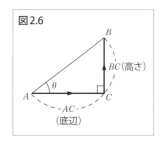

図2.6

sin、cos、tan をまとめて**三角比**という(図2.7)。

$$\sin\theta = \dfrac{BC}{AB} = \dfrac{(高さ)}{(斜辺)}$$
$$\cos\theta = \dfrac{AC}{AB} = \dfrac{(底辺)}{(斜辺)}$$
$$\tan\theta = \dfrac{BC}{AC} = \dfrac{(高さ)}{(底辺)}$$

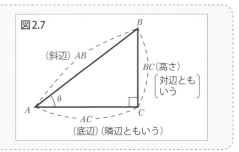

図2.7

三角比の覚え方として、
　直角三角形の考えている角を左、直角を右に書いて、図2.8のようにアルファベットの筆記体で覚えるとよい。

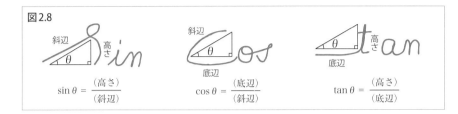

図2.8

$\sin\theta = \dfrac{(高さ)}{(斜辺)}$　　$\cos\theta = \dfrac{(底辺)}{(斜辺)}$　　$\tan\theta = \dfrac{(高さ)}{(底辺)}$

三角比は、あくまで直角三角形の辺の長さの比である。しかし、

① 斜辺の長さが1ならば、（斜辺）=1だから、
　$\sin\theta = (高さ)$、$\cos\theta = (底辺)$

② 底辺の長さが1ならば、（底辺）=1だから、
　$\tan\theta = (高さ)$

となり、三角比の値は、直角三角形の辺の長さに等しくなる（図2.9）。

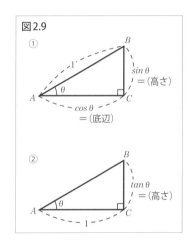

図2.9

● 三角比の値を求めよう

　たとえば、図2.10の直角三角形ABCにおいて、$\sin\theta$、$\cos\theta$、$\tan\theta$を求めよう。

　ACの長さがわからないから、ピタゴラスの定理より $AC^2 + 15^2 = 17^2$
　　　　　　$AC^2 = 17^2 - 15^2 = 64$
$AC > 0$ より　　$AC = 8$

そこで、三角比を求めるには、θの角を左、直角を右にもってくるとわ

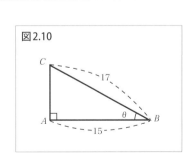

図2.10

かりやすい（図2.11）。覚え方より、

$$\sin\theta = \frac{8}{17}、\cos\theta = \frac{15}{17}、\tan\theta = \frac{8}{15}$$

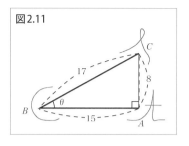
図2.11

問題2.1 次の直角三角形ABCにおいて、$\sin\theta$、$\cos\theta$、$\tan\theta$を求めよ（解答112ページ）。

(1) 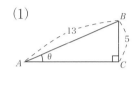 (2) 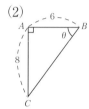 (3)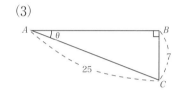

2 三角比の表

　三角比の値を求めるのは簡単ではない。そこで、前もって三角比の値を求めて表にしておくと、必要なときにその表を見るだけで、三角比の値がわかるので便利である。

◉ **三角比の値は表からわかる**

　三角比の値を表にしたものを**三角比の表**（240ページ参照）という。このような表をつくる試みは、すでに今から2100年以上も前に行われている。紀元前150年頃、ギリシアのヒッパルコス（B.C.190〜B.C.120年）が12巻からなる書を表し、「弦の表」（三角比の表の始まり）を作成したといわれている。その後、150年頃クラウディオス・プトレマイオスが小数第5位まで正確な30'（30分と読む。1度の半分）ごとの弦の表を求めている。

しかし、彼の命名法や記号は、今日のものとはまったく異なっている。その後、15世紀にドイツのレギオモンタヌス（1436〜1476年）が、現代の形式に近い形にまとめあげた。

それでは、三角比の表（表2.1）をどのように使うか見ていこう。巻末に0〜90°までの角度に対する三角比の値を示した三角比の表がある。ただしこ

表2.1

角	sin	cos	tan
0°	0.0000	1.0000	0.0000
1°	0.0175	0.9998	0.0175
2°	0.0349	0.9994	0.0349
⋮			
21°	0.3584	0.9336	0.3839
22°	0.3746	0.9272	0.4040
23°	0.3907	0.9205	0.4245

の表の値は、小数第5位を四捨五入して、小数第4位まで求めた値である。

たとえば、tan 22°の値を求めるには、左端の列の22°を探し、その22°を含む行とtanの列が交わるところに示されている0.4040がtan 22°の値、すなわち、tan 22° = 0.4040である。

問題2.2 三角比の表を用いて、次の値を求めよ（解答113ページ）。

(1) sin 13°　　　(2) cos 40°　　　(3) tan 75°

● 三角比を測量に利用

ここで、簡単な測量の問題を解いてみよう。

『太郎君はハイキングの途中でロープウェイに乗った。このロープウェイは分速120mで走り、7分かけて山麓駅Aから山頂駅Bに到達する。平均斜度が26°であるとき山麓駅Aと山頂駅Bとの標高差はどれだけあるか。また、水平に進んだ距離は何mか』

分速120mで7分間走るから、ロープウェイが走る距離は、

$$120 \times 7 = 840\text{m}$$

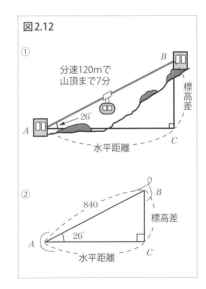

図2.12

である。図で表すと図2.12②のようになる。

斜辺ABの長さが840であるから、高さBC(標高差)と底辺AC(水平距離)を求めればよい。

sin、cosの定義より、

$$\sin 26° = \frac{BC}{AB}、\cos 26° = \frac{AC}{AB}、$$

$AB = 840$、三角比の表より $\sin 26° = 0.4384$、$\cos 26° = 0.8988$ だから、

$$BC = AB \sin 26° = 840 \times 0.4384 = 368.256 ≒ 368$$
$$AC = AB \cos 26° = 840 \times 0.8988 = 754.992 ≒ 755$$

これらのことから、標高差は約368m、水平距離は約755m進んだことになる。

問題2.3 太郎君が乗った飛行機は、時速216kmの速度で水平方向と35°の傾きで離陸した。速度と角度を保ちながら直進すると、20秒後の飛行機の高度ymと離陸地点からの水平距離xmを求めよ(図2.13)(解答113ページ)。

図2.13

● 円周率πの値

さて、ここで円周率πの値の近似値を求めよう。

半径rの円に内接する正n角形で、nを大きくしていくと、正n角形は次第に円に近づく。そこで、円の周の長さをL、正n角形の周の長さをL_nとし、nを限りなく大きくすると、L_nは限りなくLに近づく(図2.14)。これを

$$\lim_{n \to \infty} L_n = L \qquad (2.1)$$

図2.14

と書く。記号 lim は $limit$（極限、限度などの意味）の略で、リミットと読む。その下にある $n \to \infty$ は、n を限りなく大きくすることを表している。

はじめに、L_n を求めよう。

正 n 角形の中心 O から隣り合う頂点 A と B に線分 OA と OB を引き、O から辺 AB に垂線 OM を引く（図2.15）。

△OAB は $OA = OB = r$ の二等辺三角形だから、M は辺 AB の中点である。

正 n 角形だから、$\angle AOB = \dfrac{360°}{n}$ で、

$$\angle AOM = \frac{1}{2}\angle AOB = \frac{360°}{2n} = \frac{180°}{n}$$

よって、直角三角形 OAM において、$\sin\dfrac{180°}{n} = \dfrac{AM}{OA}$ で、$OA = r$ だから、

$$AM = r\sin\frac{180°}{n} \tag{2.2}$$

したがって、

AB は正 n 角形の1辺の長さで、L_n は周の長さだから

$$L_n = nAB = n \cdot 2AM$$
$$= n \cdot 2r\sin\frac{180°}{n}$$

上の式(2.2)より

$$= 2r \cdot n\sin\frac{180°}{n}$$

これで、L_n が求められた。

次に、L は半径 r の円周の長さだから、

$$L = 2r\pi \text{ である。}$$

これらを(2.1)に代入すると、

$$\lim_{n\to\infty} 2r \cdot n\sin\frac{180°}{n} = 2r \cdot \pi$$

$2r$ は n に関係しない定数だから、両辺を $2r$ で割って、

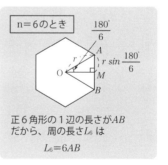

$n=6$ のとき

正6角形の1辺の長さが AB だから、周の長さ L_6 は
$$L_6 = 6AB$$

$$\lim_{n \to \infty} n \sin \frac{180°}{n} = \pi$$

この式の $n \sin \frac{180°}{n}$ に大きい n の値を代入すると、π の近似値が得られる。

そこで、$\pi_n = n \sin \frac{180°}{n}$ とおいて、$n = 60$ のときを計算すると、

$$\pi_{60} = 60 \cdot \sin \frac{180°}{n} = 60 \cdot \sin 3° = 60 \cdot 0.0523 = 3.1380$$

となり、π の値3.14に近い値が得られる。　　　　　　三角比の表より

しかし、巻末の三角比の表は、小数第5位を四捨五入して小数第4位まで求めているので、精度に欠ける。そこで、三角比の値の精度を高くして計算すると、表2.2のようになる。

表2.2

n	$\angle AOM$	$\sin(180°/n)$	$\pi_n = n \cdot \sin(180°/n)$
3	60°	0.866025403…	2.598076211…
9	20°	0.342020143…	3.078181289…
15	12°	0.207911690…	3.118675362…
30	6°	0.104528463…	3.135853898…
60	3°	0.052335956…	3.140157374…
120	1.5°	0.026176948…	3.141233796…
240	0.75°	0.013089595…	3.141502937…
1500	0.12°	0.002094393…	3.141590356…
18000	0.01°	0.000174532…	3.141592637…
↓	↓	↓	↓
∞	0°	0	$\pi = 3.141592653…$

この表を見てわかるように、n が大きくなると π_n の値は π に近づいていく。

● 30°、45°、60°の三角比の値

いままでは三角比の値を表から求めていたが、30°、45°、60°の3つの

角の三角比の値は、表を使わなくても図形から求められる。

1辺の長さが2である正三角形ABCを考える。頂点Aから対辺BCに垂線を下ろし、その交点をDとする。点Dは線分BCの中点であるから、$BD=1$である。したがって、直角三角形ABDにおいて、$AB=2$、$BD=1$となる（図2.16）。

ピタゴラスの定理：$BD^2 + AD^2 = AB^2$ に代入すると、
$$1^2 + AD^2 = 2^2$$
となり、$AD^2 = 3$である。

$AD > 0$だから $AD = \sqrt{3}$

また、線分ADは$\angle BAC$の二等分線だから、
$$\angle BAD = 60° \div 2 = 30°$$
となる。そこで、図2.17の直角三角形が得られる。

(1) $60°$については、直角三角形ABDに三角比の定義を適用して（図2.18(1)）、
$$\sin 60° = \frac{(高さ)}{(斜辺)} = \frac{\sqrt{3}}{2}$$
$$\cos 60° = \frac{(底辺)}{(斜辺)} = \frac{1}{2}$$
$$\tan 60° = \frac{(高さ)}{(底辺)} = \frac{\sqrt{3}}{1} = \sqrt{3}$$

(2) $30°$についても同様に、図2.18(2)より
$$\sin 30° = \frac{1}{2} \qquad \cos 30° = \frac{\sqrt{3}}{2}$$
$$\tan 30° = \frac{1}{\sqrt{3}}$$

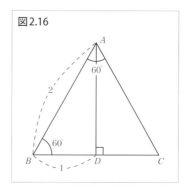

図2.16

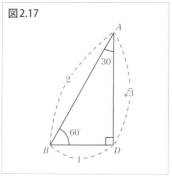

図2.17

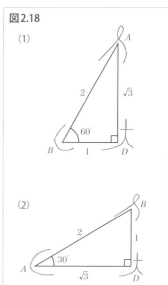

図2.18

(3) 45°については、直角をはさむ辺の長さが1である直角二等辺三角形ABCを考えると(図2.19)、
$AC=BC=1$だから、ピタゴラスの定理：$AB^2=AC^2+BC^2$に代入して、
$$AB^2=1^2+1^2=2$$
$AD>0$より、 $AB=\sqrt{2}$
以上のことから、

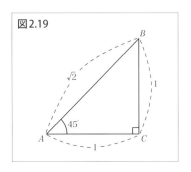

図2.19

$$\sin 45°=\frac{1}{\sqrt{2}} \qquad \cos 45°=\frac{1}{\sqrt{2}} \qquad \tan 45°=\frac{1}{1}=1$$

以上をまとめると表2.3になる。

表2.3

	30°	45°	60°
sin	$\frac{1}{2}$	$\frac{1}{\sqrt{2}}$	$\frac{\sqrt{3}}{2}$
cos	$\frac{\sqrt{3}}{2}$	$\frac{1}{\sqrt{2}}$	$\frac{1}{2}$
tan	$\frac{1}{\sqrt{3}}$	1	$\sqrt{3}$

3 三角比から三角関数へ

ここでは、三角比から三角関数へと拡張するが、その準備として、90°以上の角やマイナスの角について考える。そして、任意の角度についての三角関数を考えていこう。

● 一般角

ここまでは、0°より大きく90°未満の角についての三角比を考えてきた。しかし、時計の針のような回転運動を考える場合は、90°以上の角について考えたり、回転の向きを考える必要がある。

そこで、図2.20のように点Oから右方向に半直線OXを引く。これを**始線**という。次に、点Oを中心として回転する半直線を**動径**という。

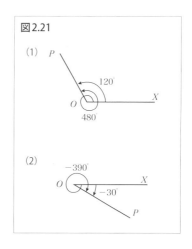

図2.20

この動径が、時計の針の回転と逆向きの回転(これを**反時計回り**という)するとき「正の向きの回転」といい、時計の針の回転と同じ向きの回転(これを**時計回り**という)するとき「負の向きの回転」という。正の向きの回転の角を**正の角**、負の向きの回転の角を**負の角**という。

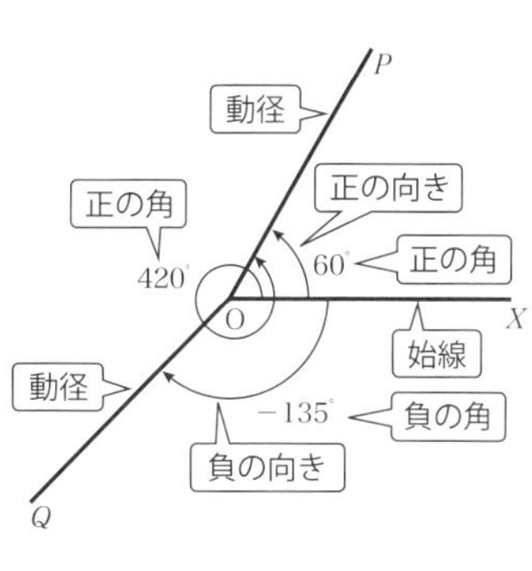

このように、360°以上や正の角、負の角まで拡張した角を**一般角**という。

(1) 480°で表される動径の位置は、480° = 360° + 120°より、正の向きに一周回転し、さらに120°回転する。よって、480°の動径は図2.21(1)のOPの位置にある。

(2) $-390°$で表される動径の位置は、$-390° = -360° - 30°$より、負の向きに一周回転し、さらに$-30°$回転する。よって、$-390°$の動径は図2.21(2)のOPの位置にある。

図2.21

問題2.4 OXを始線として、次の角の動径OPを上の例のように図示せよ(解答113ページ)。

(1) 510°　　　(2) $-675°$

次に、動径の位置からその動径が表す角度について考えよう。

動径OPが図2.22①の位置にあるとき、この動径OPを表す角を考えると、

① $30° + 360° × 0 = 30°$
② $30° + 360° × 1 = 390°$
③ $30° + 360° × 2 = 750°$
  ⋮
④ $30° + 360° × (-1) = -330°$
⑤ $30° + 360° × (-2) = -690°$
  ⋮

などと、何通りにも考えられる。そこで、これらをまとめて、

$$30° + 360° × n \quad (n は整数)$$

と書き、**動径OPを表す角**という。

一般に、$0° \leq α < 360°$ の角 $α$ で表される動径を表す一般角は、次の式である。

$$α + 360° × n \quad (n は整数) \quad (2.3)$$

> $0° \leq α < 360°$ であることに注意する

たとえば、図2.23①で示されている動径OPの一般角を求めてみよう。

(2.3)の $α$ は、$0° \leq α < 360°$ だから、②のように $α = 360° - 45° = 315°$

よって、一般角は、

$$315° + 360° × n \quad (n は整数)$$

問題2.5 次の動径を表す一般角を求めよ(解答114ページ)。

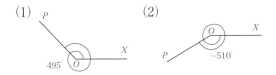

図2.22

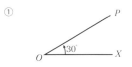

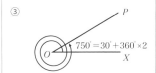

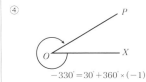

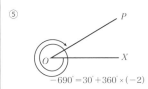

図2.23

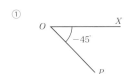

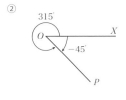

● 平面を4つの部分に分ける

座標平面は図2.24のように、x軸、y軸で4つの部分に分かれる。

$x>0$、$y>0$ の部分を第1象限
$x<0$、$y>0$ の部分を第2象限
$x<0$、$y<0$ の部分を第3象限
$x>0$、$y<0$ の部分を第4象限

という。

ただし、x軸、y軸はどの象限にも含まれない。

さて、座標平面で、x軸の正の部分を始線として、原点Oを中心とする動径OPを考える(図2.25)。

角θで表される動径が、第k象限($k=1$、2、3、4)にあるとき、θは**第k象限の角**($k=1$、2、3、4)という。

たとえば、$90°<150°<180°$であるから、$150°$の動径OPは第2象限にある(図2.26)。

したがって、$150°$は第2象限の角である。

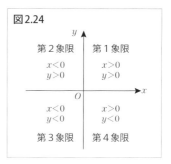

図2.24

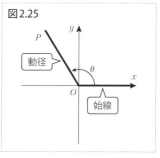

図2.25

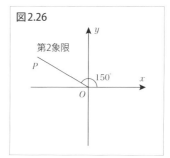

図2.26

問題2.6 次の角は、第何象限の角であるか（解答114ページ）。

(1) $200°$　　　(2) $750°$　　　(3) $-400°$

● 三角関数

ここまでは、直角三角形を用いて$0°$から$90°$までの角の三角比を考えた。しかし、$90°$以上の角や負の角についての$\sin\theta$、$\cos\theta$、$\tan\theta$を考えたい。そのためには、直角三角形では定義できないので、座標平面上の点を使って定義する。

図2.27①の直角三角形ABCを、②の図のように点Aを原点Oに、ACをx軸に重ねる。このとき、点Bの座標は$(4, 3)$である。

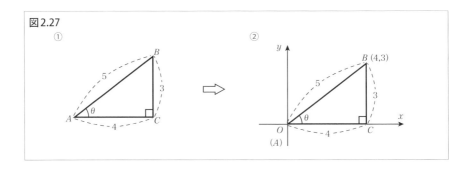

図2.27

①の直角三角形ABCにおける三角比の値は、

$$\sin\theta = \frac{3}{5}、\quad \cos\theta = \frac{4}{5}、\quad \tan\theta = \frac{3}{4}$$

である。この三角比の値は、②の直角三角形OBCを見ると、

$$\sin\theta = \frac{B の y 座標}{斜辺}、\quad \cos\theta = \frac{B の x 座標}{斜辺}、\quad \tan\theta = \frac{B の y 座標}{B の x 座標}$$

となっている。

このことをもとに、任意の角θについて、$\sin\theta$、$\cos\theta$、$\tan\theta$を、次のように点の座標を用いて定義する。

座標平面上で、x軸の正の部分を始線にとり、角θの動径と原点を中心とする半径rの円との交点Pの座標を(x, y)とする。

このとき、以下(図2.28)のように定義する。

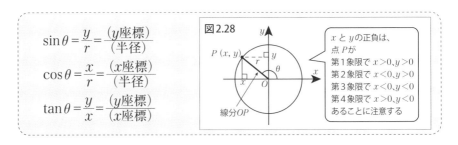

$$\sin\theta = \frac{y}{r} = \frac{(y 座標)}{(半径)}$$
$$\cos\theta = \frac{x}{r} = \frac{(x 座標)}{(半径)}$$
$$\tan\theta = \frac{y}{x} = \frac{(y 座標)}{(x 座標)}$$

図2.28

xとyの正負は、
点Pが
第1象限で$x>0, y>0$
第2象限で$x<0, y>0$
第3象限で$x<0, y<0$
第4象限で$x>0, y<0$
あることに注意する

線分OP

ただし、$\theta = 90° + 180° \times n$（$n$は整数）のとき、$x=0$となるから、$\tan\theta$の値は定義しない。

この定義によって、角θに対して、$\sin\theta$、$\cos\theta$、$\tan\theta$の値はただ1つに決まる。よって、これらはθの関数である。そこで、この3つの関数を、まとめて**三角関数**という。

このように定義すると、$0° < \theta < 90°$の範囲では、今までの三角比になるので、三角関数は三角比の拡張になっている。

この定義では、三角関数の値はrの大きさに関係なく、θによって決まる。

なぜならば、

角θで決まる動径上に2点P、Qがあり、$OP = r$、$OQ = r'$（$r \neq r'$）とする。点P、Qからそれぞれx軸に垂線PP'、QQ'を引くと、

直角三角形$OPP' \backsim$直角三角形OQQ'である（図2.29）。

図2.29

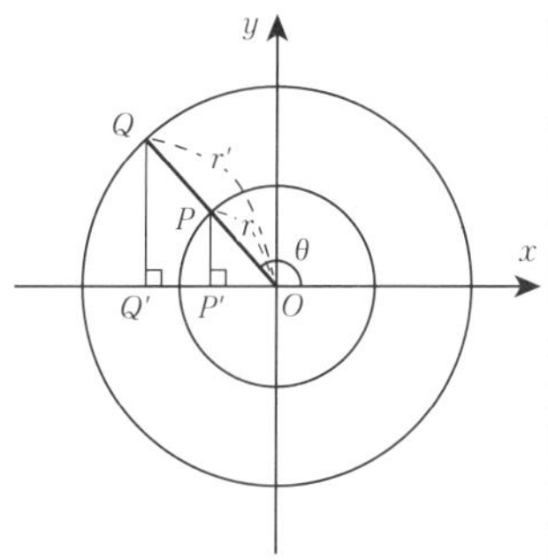

したがって、三角比の場合と同様に、

$$\frac{PP'}{OP} = \frac{QQ'}{OQ}、\quad \frac{OP'}{OP} = \frac{OQ'}{OQ}、\quad \frac{PP'}{OP'} = \frac{QQ'}{OQ'}$$

が成り立つ。よって、

$$\frac{(Pのy座標)}{r}、\quad \frac{(Pのx座標)}{r}、\quad \frac{(Pのy座標)}{(Pのx座標)}$$

は、rの大きさに関係なく、角θによって決まる。

● 三角関数の正負

点$P(x, y)$が存在する象限によって、x、yの正負は決まる。x、yの正負が決まれば、定義より三角関数の正負が決まる。そこで、$\sin\theta$、$\cos\theta$、$\tan\theta$の正負は、θが第何象限の角であるかで決まる（図2.30）。

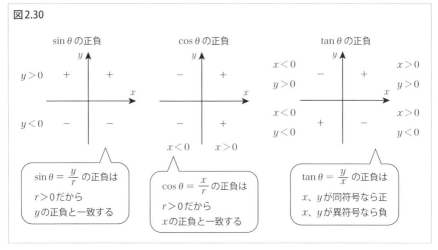

図2.30

たとえば、205°は、第3象限の角だから(図2.31)、

$\sin 205° < 0$、$\cos 205° < 0$、$\tan 205° > 0$

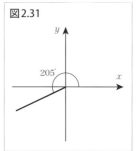

図2.31

問題2.7 次の角に対する三角関数の正負を求めよ(図2.30)(解答114ページ)。

(1) 100°　　(2) 300°
(3) 600°　　(4) −670°

● 三角関数の値を求める

実際に、三角関数の値を求めるにはどうしたらよいか。

（Ⅰ）三角比の表を用いない方法(30°、45°の整数倍の角の場合)

（Ⅱ）三角比の表を用いる方法

に分けて考えよう。

（Ⅰ）三角比の表を用いない方法(30°、45°の整数倍の角)

ここでは、30°、45°、60°の角をもつ直角三角形の辺の長さの比(80ページ参照)を利用して、点Pのx座標、y座標を求め、三角比の値を求める。

(1) $\theta = 150°$のときの三角比の値を求めよう。

次の手順で求める。慣れると、図を描かなくてもすぐに求めることができる（図2.32、33、34）。

① x軸の正の方向から$150°$に半径OPを描く

② 点Pからx軸に垂線PQを引く

③ 直角三角形OPQにおいて
$\angle POQ = 180° - 150° = 30°$
だから3辺の比は、
PQ(高さ)：OP(斜辺)：OQ(底辺)
$= 1 : 2 : \sqrt{3}$

④ 点Pの座標は、$P(-\sqrt{3},\ 1)$

⑤ $x = -\sqrt{3}$、$y = 1$、$r = 2$だから、定義より、
$\sin 150° = \dfrac{1}{2}$、$\cos 150° = \dfrac{-\sqrt{3}}{2} = -\dfrac{\sqrt{3}}{2}$
$\tan 150° = \dfrac{1}{-\sqrt{3}} = -\dfrac{1}{\sqrt{3}}$

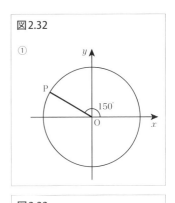

図2.32

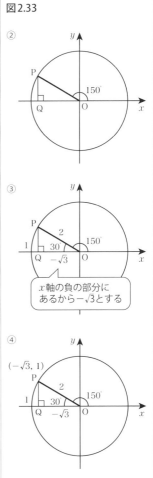

図2.33

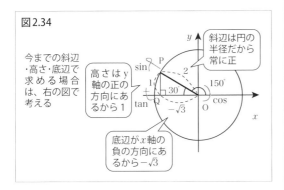

図2.34

(2) $\theta = 225°$のときの三角比の値を求めよう（図2.35）。

① x軸の正の方向から225°のところに半径OPを描く
② 点Pからx軸に垂線PQを引く
③ 直角三角形OPQにおいて$\angle POQ$ = 225° - 180° = 45°だから、3辺の比は、
PQ(高さ)：OQ(底辺)：OP(斜辺) = $1:1:\sqrt{2}$

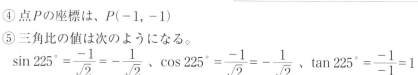

図2.35

④ 点Pの座標は、$P(-1,-1)$
⑤ 三角比の値は次のようになる。

$$\sin 225° = \frac{-1}{\sqrt{2}} = -\frac{1}{\sqrt{2}}、\cos 225° = \frac{-1}{\sqrt{2}} = -\frac{1}{\sqrt{2}}、\tan 225° = \frac{-1}{-1} = 1$$

問題2.8 次の角に対する三角関数の値を、表を用いずに求めよ(解答115ページ)。

(1) 120° (2) 390° (3) -45° (4) -480°

(Ⅱ)三角比の表を用いる方法

（Ⅰ）の場合以外は、三角比の表を使う。しかし、三角比の表には0°～90°の三角比の値しか示されていない。そこで、与えられた角度を直角三角形の辺の長さは変えないように0°～90°の間の角に直す。

(1) $\theta = 130°$の三角関数の値を求めよう。

130°は第2象限の角だから、
$\sin 130° > 0$, $\cos 130° < 0$, $\tan 130° < 0$
であり、180° - 130° = 50°

図2.36より、
$\sin 130° = \sin 50° = 0.7660$
$\cos 130° = -\cos 50° = -0.6428$
$\tan 130° = -\tan 50° = -1.1918$

三角比の表より

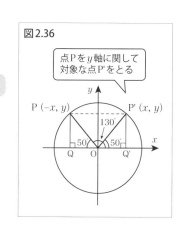

図2.36

(2) $\theta = 220°$の三角関数の値を求めよう。
220°は第3象限の角だから、

$\sin 220^\circ < 0$、$\cos 220^\circ < 0$、$\tan 220^\circ > 0$

であり、$220^\circ - 180^\circ = 40^\circ$

図2.37より、

三角比の表より

$\sin 220^\circ = -\sin 40^\circ = -0.6428$

$\cos 220^\circ = -\cos 40^\circ = -0.7660$

$\tan 220^\circ = \tan 40^\circ = 0.8391$

(3) $\theta = -70^\circ$の三角関数の値を求めよう。

-70°は第4象限の角だから、

$\sin(-70^\circ) < 0$、$\cos(-70^\circ) > 0$、

$\tan(-70^\circ) < 0$

図2.38より、

$\sin(-70^\circ) = -\sin 70^\circ = -0.9397$

$\cos(-70^\circ) = \cos 70^\circ = 0.3420$

$\tan(-70^\circ) = -\tan 70^\circ = -2.7475$

図2.37

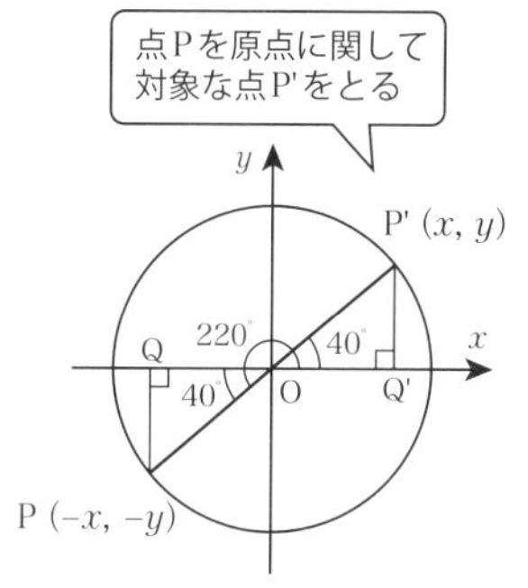
点Pを原点に関して
対象な点P'をとる
y
P' (x, y)
220°
40°
x
Q
40°
O
Q'
P (−x, −y)

図2.38

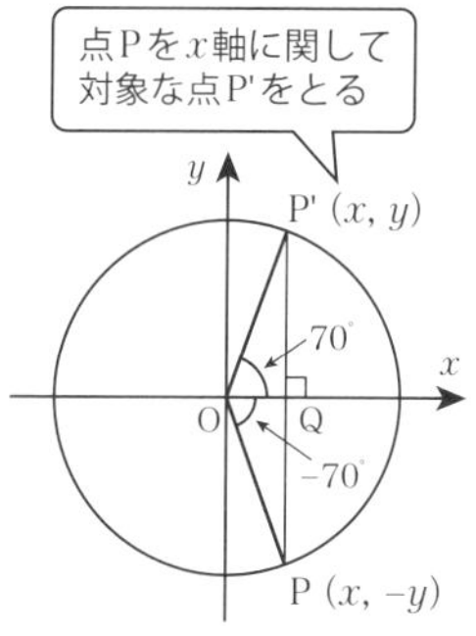
点Pをx軸に関して
対象な点P'をとる
y
P' (x, y)
70°
x
O
Q
−70°
P (x, −y)

問題2.9 次の角における三角関数の値を表を用いて求めよ(解答116ページ)。

(1) 155°　　(2) 325°

(3) 425°　　(4) -160°

4 $y=\sin x$、$y=\cos x$のグラフ

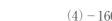

ここで、$y=\sin x$、$y=\cos x$のグラフを描く。しかし、いままで使ってきた角の単位「度」では都合が悪いので「弧度」に変更する。まず、その弧度を用いた方法から見ていこう。

◉ 弧度法

これまで、角の大きさを表すのに一周を360°とする「度」を用いてきた(これを**度数法**という)。たとえば、$\sin 30^\circ$という具合いであった。し

かし、これから $y=\sin\theta$ のグラフを描くとき、θ が度で表されていると、x 軸の単位として度をとらなければならない。そのために他の関数、たとえば $y=2x$ などと同じ座標平面上にグラフを描くことができない。なぜなら、30°と30の大きさは比較ができないからである。そこで、度の代わりに、普通の数値と比較できるものを考えなければならない。

　度の代わりに角の大きさを表すものとしては、弧の長さが考えられる。しかし、弧の長さは半径の長さによって変わる。そのため、弧の長さで角度の大きさを表すには半径を一定にする必要がある。

　そこで、
「半径が1である円（これを**単位円**という）の弧の長さで、角の大きさを表す」
ことにし、
「単位円の弧の長さが θ のときの角の大きさを θ ラジアン（radian）または θ 弧度」

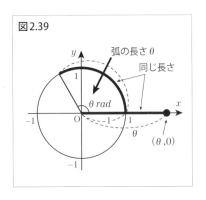

図2.39

という。これを**弧度法**という。θ ラジアンのことを記号で θ rad と書く。これによって、角の大きさ θ が x 軸上の点 $(\theta, 0)$ と対応することになった（図2.39）。

　radian はラテン語の radius（半径）からつくられた語で、1871年にイギリスのジェームズ・トムソン（1822～1892年）によって導入された。彼は、弧の長さが半径の長さと等しくなるとき、その中心角の大きさを 1 rad とした。したがって、半径 r の円で、弧の長さが ℓ である中心角の大きさ θ rad は、$\theta\,\text{rad}=\dfrac{\ell}{r}$ である。半径を $r=1$ とすると、$\theta\,\text{rad}=\ell$ で弧の長さがそのま

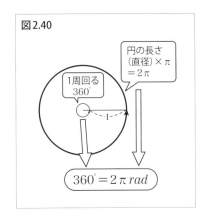

図2.40

ま弧度になる。

弧度法とこれまで使ってきた度数法との関係を調べよう。

半径1の円周の長さは$2\pi \times 1 = 2\pi$だから、
$$360° = 2\pi \text{ rad}$$
である(図2.40)。両辺を2で割って、
$$180° = \pi \text{ rad}$$
この式が、度数法と弧度法の関係の基本である。

弧度法では、単位名のrad(ラジアン)を省略することが多い。たとえば、$180° = \pi$ radを、$180° = \pi$と書く。

(1) 度からラジアンへ

$180° = \pi$の両辺を180で割って
$1° = \dfrac{\pi}{180}$である。したがって、
$30°$をラジアンに変えるには、
$$30° = 30 \times 1° = 30 \times \frac{\pi}{180} = \frac{\pi}{6}$$
このように、度をラジアンにするには$\dfrac{\pi}{180}$をかければよい。

度 → ラジアン

$1° = \dfrac{\pi}{180}$ rad $\fallingdotseq 0.087$ rad

$\alpha° \to \alpha \times \dfrac{\pi}{180}$ rad

(2) ラジアンから度へ

$\pi = 180°$の両辺を、πで割って、
$1 = \dfrac{180°}{\pi}$である。したがって、
$\dfrac{8}{5}\pi$ radを度に変えるには、
$$\frac{8}{5}\pi = \frac{8}{5}\pi \times 1 = \frac{8}{5}\pi \times \frac{180°}{\pi} = 288°$$
このように、ラジアンを度にするには$\dfrac{180°}{\pi}$をかければよい。

ラジアン → 度

$1 \text{ rad} = \dfrac{180°}{\pi} \fallingdotseq 57.3°$

$x \text{ rad} \to x \times \dfrac{180°}{\pi}$

問題2.10 次の角を、度は弧度に、弧度は度にそれぞれ書き直せ(解答117ページ)。

(1) $15°$ (2) $-240°$ (3) $\dfrac{5}{9}\pi$ (4) -3π

よく出てくる度と弧度をまとめると、図2.41のようになる。

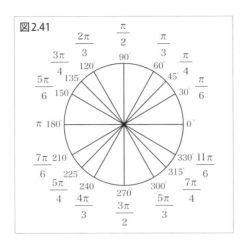
図2.41

弧度法でも、一般角については、度数法と同じように、

> $0° \leq \theta < 2\pi$ の角 θ で表される動径を表す一般角は、
> $$a + 2n\pi \quad (n\text{は整数})$$

と表される。

これからは、角の大きさはすべてラジアンで表す。

● $y = \sin x$ のグラフ

関数 $y = \sin x$ のグラフを描こう。

一般に、$y = f(x)$ のグラフを描くときは、$x = a$ のときの y の値 $f(a)$ を求め、座標平面上に点 $(a, f(a))$ をとり、それらを滑らかな曲線で結んでいけばよい（48ページ参照）。

そこで、$y = \sin x$ のグラフを描くときも、点 $(\theta, \sin\theta)$ を座標平面上に取り、それらを滑らかな曲線で結んでいけばよい。しかし、$\sin\theta$ の値を求め

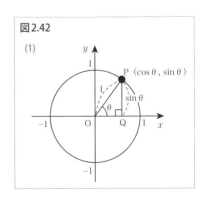
図2.42
(1)

て点$(\theta, \sin\theta)$をとるのは面倒なので、ここでは、単位円(半径1の円)を利用しよう。

(1) 原点を中心とする単位円(半径1の円)を考える。単位円上の点Pの座標は$(\cos\theta, \sin\theta)$であるから、点Pからx軸に下ろした垂線PQの長さが$\sin\theta$の値である(図2.42)。

(2) 単位円を描く座標αと$y = \sin x$のグラフを描く座標βを用意し、x軸どうしが並ぶようにおく(図2.43)。

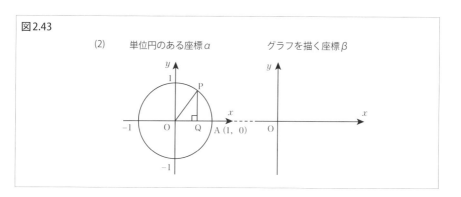

図2.43

(2) 単位円のある座標α　　グラフを描く座標β

(3) 座標αで単位円上の点Pが点$A(1, 0)$からθだけ回転したとき、点Pからx軸に平行な直線を引く。その平行線と、隣の座標βのx軸に垂直な直線$x = \theta$との交点をP'とする。点P'の座標は$(\theta, \sin\theta)$である。この点が描く曲線を調べる(図2.44)。

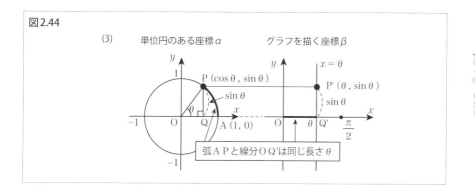

図2.44

(3) 単位円のある座標α　　グラフを描く座標β

弧APと線分OQ'は同じ長さθ

(4) 点Pを単位円上の点$A(1,0)$から回転させる。

① $0 \leq \theta < \dfrac{\pi}{2}$の範囲では$PQ = \sin\theta$は増加し、点P'も増加する曲線を描く（図2.45）。

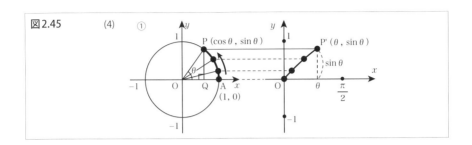

図2.45

② $\theta = \dfrac{\pi}{2}$では$PQ = 1$となり、点P'のy座標は1になる（図2.46）。

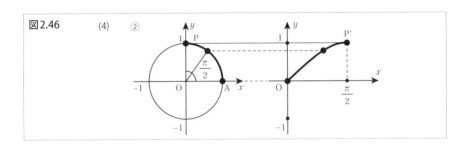

図2.46

③ $\dfrac{\pi}{2} < \theta < \pi$の範囲では、$PQ = \sin\theta$は減少するので、点P'も減少する曲線を描く（図2.47）。

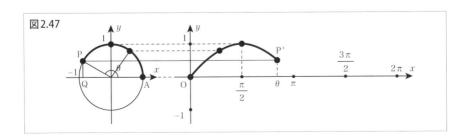

図2.47

④ $\pi \leq \theta < \dfrac{3}{2}\pi$ の範囲では、$-PQ = \sin\theta$ となりさらに減少(図2.48)。

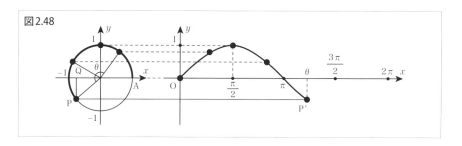
図2.48

⑤ $\dfrac{3}{2}\pi \leq \theta < 2\pi$ の範囲では、$-PQ = \sin\theta$ は増加(図2.49)。

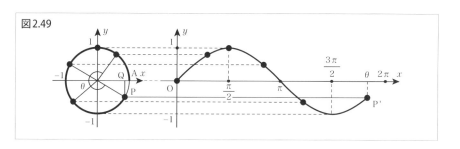
図2.49

⑥ $\theta = 2\pi$ で、点Pは最初の位置に戻る(図2.50)。

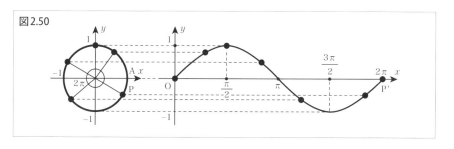
図2.50

⑦ さらに点Pが回転すると、点P'は同じ形の曲線を繰り返し描く(図2.51)。

これを $y=\sin x$ のグラフで**正弦曲線**(**サインカーブ**)といい、キレイな波形を表しているので**正弦波**ともいう。この波がすべての波の基本である。

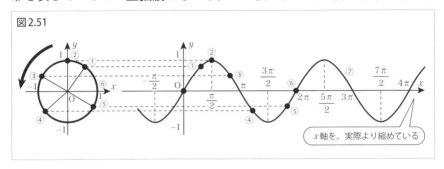
図2.51

$y=\cos x$ のグラフ

次に、$y=\cos x$ のグラフを考えよう。sinの場合と同じように、単位円のある座標αとグラフを描く座標βで考える。

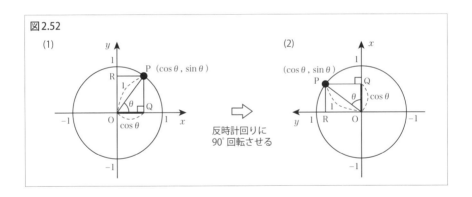
図2.52

(1) 単位円上の点Pの座標は$(\cos\theta, \sin\theta)$である。点Pからx軸に下ろした垂線をPQとすると、OQの長さが$\cos\theta$の値になる(図2.52(1))。

(2) $\cos\theta$の値を表す線分OQは、座標αのx軸上にある。ところが、座標βでは$\cos\theta$の値は、曲線$y=\cos x$上の点のy座標にならなければならない。そこで、座標αで座標軸を反時計回りに$90°$回転させ、線分OQが座標βのy軸と平行になるようにする(図2.52(2))。

(3) 単位円のある座標αの横に、$y=\cos x$のグラフを描く座標βを、座標α

のy軸と座標βのx軸が並ぶようにおく。動径OPがx軸の正の部分からθだけ回転したとき、点Pから座標βのx軸に平行な直線を引き、x軸に垂直な直線$x=\theta$との交点をP'とすれば、点P'の座標は$(\theta, \cos\theta)$である。この点が描く曲線を考える(図2.53)。

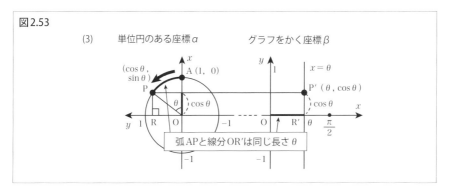

(4) 点Pを単位円上の$A(1, 0)$から回転させる(図2.54)。

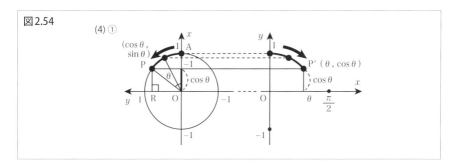

図2.55において、

① $0 \leq \theta < \dfrac{\pi}{2}$の範囲では、$PR = \cos\theta$は減少し、点$P'$も減少する曲線を描く

② $\theta = \dfrac{\pi}{2}$では$PR = 0$となり、点P'のy座標は0になる

③ $\dfrac{\pi}{2} < \theta < \pi$の範囲では、$-PR = \cos\theta$となり、さらに減少するので、点$P'$も減少する曲線を描く

④ $\pi \leq \theta < \dfrac{3\pi}{2}$ の範囲では、$-PR = \cos\theta$ は増加に変わり、

⑤ $\dfrac{3\pi}{2} \leq \theta < 2\pi$ の範囲では、$PR = \cos\theta$ となりさらに増加し、

⑥ $\theta = 2\pi$ で点 P は最初の位置に戻る

⑦ さらに、点 P が回転すると点 P' は同じ形の曲線を繰り返し描く

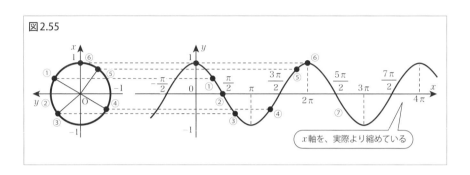

図 2.55

この曲線が**余弦曲線**(**コサインカーブ**)である。サインカーブと比較すると、サインカーブが $\dfrac{\pi}{2}$ だけ x 軸の負の方向へ平行移動したものがコサインカーブであることがわかる。まとめると、図 2.56、57 のとおりである。

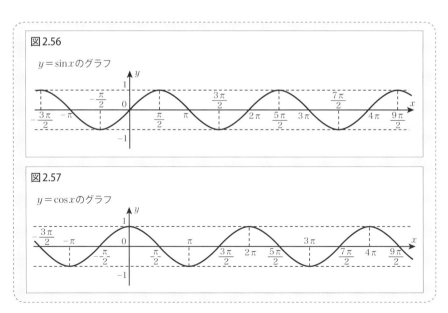

● $y=\sin x$、$y=\cos x$ のグラフの特徴

さて、グラフを見ながら、$\sin x$、$\cos x$ のグラフの特徴を調べよう。

(1) まず目に付くのは、同じ形の曲線が繰り返し現れていることである。

一般に、p を 0 でない定数とするとき、x のどのような値に対しても、関数 $f(x)$ が

$$f(x+p) = f(x) \qquad (2.4)$$

を満たすならば、$f(x)$ は p を**周期**とする**周期関数**という。
(2.4) は、図 2.58 のように、$x=a$ から $x=a+p$ までの間のグラフが繰り返し現れることを意味している。

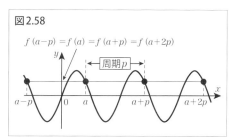
図 2.58

さらに、p が周期ならば、

$$f(x+2p) = f((x+p)+p) = f(x+p) = f(x) \qquad (2.5)$$

が成り立つから、$2p$ も周期である。(2.5) も、図 2.58 のように、$x=a$ から $x=a+2p$ の間のグラフが繰り返し現れることを意味している。

同様に考えると、n を 0 でない整数として、

$$f(x+np) = f(x)$$

が成り立つから、np は $f(x)$ の周期である。

このように、周期関数の周期は無数にある。しかし、普通は周期というと、周期の中で正で最小のものを意味する。

$\sin x$、$\cos x$ は、$\sin(x+2n\pi) = \sin x$、$\cos(x+2n\pi) = \cos x$（103 ページ）が成り立つから、

$y = \sin x$、$y = \cos x$ は周期 2π の周期関数である。

(2) 次に目に付くのは、グラフは y の値が -1 と 1 の間を行き来していることである（図 2.59）。

一般に、振動現象で振動の中心の位置から測った変位の最大値を振幅という。そこで、

$y = \sin x$、$y = \cos x$ の値域は $-1 \leq y \leq 1$ で、振幅は 1 である。

(3) 最後に、

$y = \sin x$ のグラフは原点に関して対称

$y = \cos x$ のグラフは y 軸に関して対称

であることがわかる（図2.60）。

一般に、関数 $y = f(x)$ において、

$f(-x) = f(x)$ が成り立つとき、$f(x)$ は偶関数

$f(-x) = -f(x)$ が成り立つとき、$f(x)$ は奇関数

という。

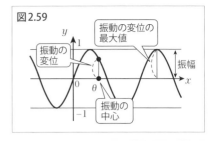

図2.59

関数 $y = f(x)$ 上の点 $A(a, f(a))$ と点 $A'(-a, f(-a))$ について、$y = f(x)$ が偶関数ならば、$f(-a) = f(a)$ が成り立つから、点 A' の座標は $(-a, f(a))$ となり、A と A' は y 軸に関して対称である（図2.61）。

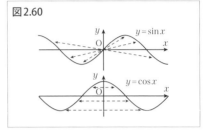

図2.60

$y = f(x)$ が奇関数ならば、$f(-a) = -f(a)$ が成り立つから、点 A' の座標は $(-a, -f(a))$ となり、A と A' は原点に関して対称である（図2.62）。

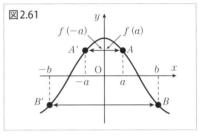

図2.61

三角関数の性質から、

$\sin(-x) = -\sin x$ （103ページ）

が成り立つから、$y = \sin x$ は奇関数であり、そのグラフは原点に関して対称である。

$\cos(-x) = \cos x$ （103ページ）

が成り立つから、$y = \cos x$ は、偶関数であり、そのグラフは y 軸に関して

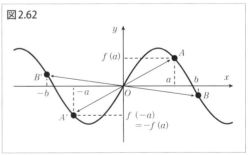

図2.62

対称である。

まとめると、次のようになる。

> (1) $y=\sin x$、$y=\cos x$ は周期 2π の周期関数である
> (2) $y=\sin x$、$y=\cos x$ の値域は $-1 \leqq y \leqq 1$ で、振幅は1である
> (3) $y=\sin x$ は奇関数で、グラフは原点に関して対称である。
> $y=\cos x$ は偶関数で、グラフは y 軸に関して対称である

5 $\sin\theta$、$\cos\theta$、$\tan\theta$ の関係

$\sin\theta$、$\cos\theta$、$\tan\theta$ はそれぞれ独立ではなく、相互に密接な関係がある。ここでは、その関係について見ていこう。

◉ 三角関数の相互関係

単位円(半径1の円)で考える。図2.63において

$$\sin\theta = y、\cos\theta = x \qquad (2.6)$$

であるから、

$$\tan\theta = \frac{y}{x} = \frac{\sin\theta}{\cos\theta}$$

が成り立つ。

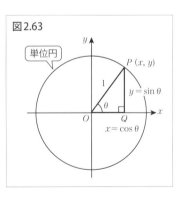

図2.63

そして、図2.63の直角三角形 OPQ において、ピタゴラスの定理より、

$$x^2 + y^2 = 1^2$$

であり、(2.6)を代入して、

$$(\cos\theta)^2 + (\sin\theta)^2 = 1^2$$

$(\cos\theta)^2$ を $\cos^2\theta$、$(\sin\theta)^2$ を $\sin^2\theta$ と書き、$\sin$ と $\cos$ を入れ替えて

> $\sin^2\theta = (\sin\theta)^2$
> $\sin\theta^2 = \sin(\theta^2)$
> のことだから、
> $\sin^2\theta \neq \sin\theta^2$
> を注意しよう。

$$\sin^2\theta + \cos^2\theta = 1 \tag{2.7}$$

この式が、sinとcosのもっとも重要な関係である。

さらに、$\cos\theta \neq 0$のとき、(2.7)の両辺を$\cos^2\theta$で割ると、
$$\frac{\sin^2\theta}{\cos^2\theta} + \frac{\cos^2\theta}{\cos^2\theta} = \frac{1}{\cos^2\theta}$$
$\frac{\sin^2\theta}{\cos^2\theta} = \left(\frac{\sin\theta}{\cos\theta}\right)^2 = (\tan\theta)^2 = \tan^2\theta$であるから、
$$\tan^2\theta + 1 = \frac{1}{\cos^2\theta} \qquad \text{すなわち} \qquad 1 + \tan^2\theta = \frac{1}{\cos^2\theta}$$

同様に、$\sin\theta \neq 0$のとき、(2.7)の両辺を$\sin^2\theta$で割ると、
$$1 + \frac{1}{\tan^2\theta} = \frac{1}{\sin^2\theta} \tag{2.8}$$
が導き出せる。

問題2.11 (2.8)を導き出せ（解答117ページ）。

図2.64のとおりであり、これをまとめると、

$$\tan\theta = \frac{\sin\theta}{\cos\theta}$$
$$\cos^2\theta + \sin^2\theta = 1$$
$$1 + \tan^2\theta = \frac{1}{\cos^2\theta}$$
$$1 + \frac{1}{\tan^2\theta} = \frac{1}{\sin^2\theta}$$

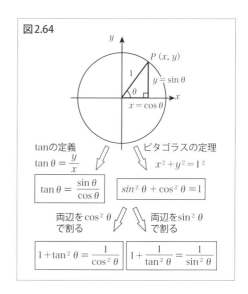

図2.64

● 三角関数の性質

三角関数の値を三角比の表を用いて求めたとき（88ページ参照）に、90°より大きい角度や負の角度の三角関数を、0°より大きく90°未満の三角関数に直して、三角比の表を利用した。この性質をここでまとめると以下のようになる。ただし、以下の式のθは任意の角でよい。

(1) $\begin{cases} \sin(\theta + 2n\pi) = \sin\theta \\ \cos(\theta + 2n\pi) = \cos\theta \\ \tan(\theta + 2n\pi) = \tan\theta \end{cases}$
ただし、nは整数

(2) $\begin{cases} \sin(-\theta) = -\sin\theta \\ \cos(-\theta) = \cos\theta \\ \tan(-\theta) = -\tan\theta \end{cases}$

(3) $\begin{cases} \sin(\frac{\pi}{2} - \theta) = \cos\theta \\ \cos(\frac{\pi}{2} - \theta) = \sin\theta \\ \tan(\frac{\pi}{2} - \theta) = \dfrac{1}{\tan\theta} \end{cases}$

(4) $\begin{cases} \sin(\frac{\pi}{2} + \theta) = \cos\theta \\ \cos(\frac{\pi}{2} + \theta) = -\sin\theta \\ \tan(\frac{\pi}{2} + \theta) = -\dfrac{1}{\tan\theta} \end{cases}$

(5) $\begin{cases} \sin(\pi - \theta) = \sin\theta \\ \cos(\pi - \theta) = -\cos\theta \\ \tan(\pi - \theta) = -\tan\theta \end{cases}$

(6) $\begin{cases} \sin(\pi + \theta) = -\sin\theta \\ \cos(\pi + \theta) = -\cos\theta \\ \tan(\pi + \theta) = \tan\theta \end{cases}$

これらの式を証明しよう。

x軸の正の方向からθだけ回転した動径をOPとし、点Pの座標を(x, y)とする。

(1) x軸の正の方向から$\theta + 2n\pi$だけ回転した動径をOP'とする。動径は、中心Oの周りを2πで一周するので、2π増えるごと(または、減るごと)に同じ位置になる。したがって、点P'の座標も(x, y)である。(1)の式が成り立つ(図2.65)。

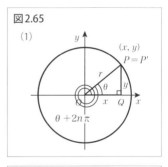

図2.65
(1)

(2) $-\theta$はθに対して逆向きに回転するから、x軸の正の方向から$-\theta$だけ回転した動径OP'とすると、点P'は点Pとx軸に関して対称である。したがって、点P'の座標は$(x, -y)$である(図2.66)。

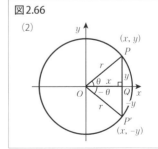

図2.66
(2)

$$\sin(-\theta) = \frac{-y}{r} = -\frac{y}{r} = -\sin\theta、\quad \cos(-\theta) = \frac{x}{r} = \cos\theta$$

$$\tan(-\theta) = \frac{-y}{x} = -\frac{y}{x} = -\tan\theta$$

(3) 図2.67のように、$\angle P'OQ' = \frac{\pi}{2} - \theta$ である円周上の点P'をとる。2つの直角三角形$OP'Q'$とPOQは合同になるので、

$P'Q' = OQ = x$、$OQ' = PQ = y$

よって、点$P'(y, x)$である。

$$\sin(\frac{\pi}{2} - \theta) = \frac{x}{r} = \cos\theta$$

$$\cos(\frac{\pi}{2} - \theta) = \frac{y}{r} = \sin\theta$$

$$\tan(\frac{\pi}{2} - \theta) = \frac{x}{y} = \frac{1}{\frac{y}{x}} = \frac{1}{\tan\theta}$$

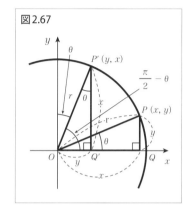

図2.67

(4) $\angle P'OQ = \frac{\pi}{2} + \theta$ の場合は、図2.68のように点$P'(-y, x)$になる。

$$\sin(\frac{\pi}{2} + \theta) = \frac{x}{r} = \cos\theta$$

$$\cos(\frac{\pi}{2} + \theta) = \frac{-y}{r} = -\frac{y}{r} = -\sin\theta$$

$$\tan(\frac{\pi}{2} + \theta) = \frac{x}{-y} = -\frac{x}{y} = -\frac{1}{\tan\theta}$$

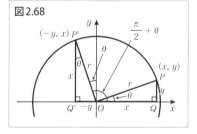

図2.68

(5) $\angle P'OQ = \pi - \theta$の場合は、図2.69のように点$P'(-x, y)$になる。

$$\sin(\pi - \theta) = \frac{y}{r} = \sin\theta$$

$$\cos(\pi - \theta) = \frac{-x}{r} = -\frac{x}{r} = -\cos\theta$$

$$\tan(\pi - \theta) = \frac{y}{-x} = -\frac{y}{x} = -\tan\theta$$

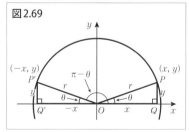

図2.69

(6) $\angle P'OQ = \pi + \theta$の場合は、図2.70のように点$P'(-x, -y)$になる。

$$\sin(\pi + \theta) = \frac{-y}{r} = -\frac{y}{r} = -\sin\theta$$

$$\cos(\pi+\theta) = \frac{-x}{r} = -\frac{x}{r}$$
$$= -\cos\theta$$
$$\tan(\pi+\theta) = \frac{-y}{-x} = \frac{y}{x} = \tan\theta$$

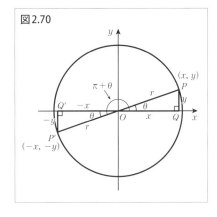

図2.70

図では、θ を $0<\theta<\frac{\pi}{2}$ の範囲に書いてあるが、θ はこの範囲に限らず、すべての角 θ に対して三角関数の性質の式は成り立つ。

問題2.12 $\frac{3}{2}\pi = \pi + \frac{\pi}{2}$ を利用し、三角関数の性質(4)、(6)を用いて次の式を証明せよ（解答117ページ）。

(1) $\sin\left(\frac{3\pi}{2}+\theta\right) = -\cos\theta$ (2) $\cos\left(\frac{3\pi}{2}+\theta\right) = \sin\theta$

(3) $\tan\left(\frac{3\pi}{2}+\theta\right) = -\frac{1}{\tan\theta}$

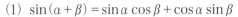

● 加法定理

2つの角 α、β の和 $\alpha+\beta$ の sin の値 $\sin(\alpha+\beta)$ について調べよう。単純に、$\sin(\alpha+\beta) = \sin\alpha + \sin\beta$ になってくれれば簡単であるが、この式は正しくない。正しくは以下のとおりである。これらの式を三角関数の**加法定理**という。

$$\begin{aligned}
&(1)\ \sin(\alpha+\beta) = \sin\alpha\cos\beta + \cos\alpha\sin\beta \\
&(2)\ \sin(\alpha-\beta) = \sin\alpha\cos\beta - \cos\alpha\sin\beta \\
&(3)\ \cos(\alpha+\beta) = \cos\alpha\cos\beta - \sin\alpha\sin\beta \\
&(4)\ \cos(\alpha-\beta) = \cos\alpha\cos\beta + \sin\alpha\sin\beta \\
&(5)\ \tan(\alpha+\beta) = \frac{\tan\alpha + \tan\beta}{1 - \tan\alpha\tan\beta} \\
&(6)\ \tan(\alpha-\beta) = \frac{\tan\alpha - \tan\beta}{1 + \tan\alpha\tan\beta}
\end{aligned}$$

> **加法定理の覚え方**
>
> $\sin(\alpha + \beta)$
> $= \sin\alpha\ \cos\beta + \cos\alpha\ \sin\beta$
> 咲いた コスモス コスモス 咲いた
>
> $\cos(\alpha + \beta)$
> $= \cos\alpha\ \cos\beta - \sin\alpha\ \sin\beta$
> コスモスコスモス 咲いた 咲いた
>
> $\tan(\alpha + \beta)$
> $= \dfrac{\tan\alpha + \tan\beta}{1 - \tan\alpha\ \tan\beta}$
> 1-タンタン分のタンプラタン

まず、

(3) $\cos(\alpha + \beta) = \cos\alpha\cos\beta - \sin\alpha\sin\beta$ を示そう。

図2.71において、$\angle POQ = \alpha + \beta$
だから、点P、Qの座標は、それぞれ

$P(\cos(\alpha + \beta),\ \sin(\alpha + \beta))$

$Q(1, 0)$である。

> 2点$P(a、b)$、$Q(c、d)$間の距離は、
> $PQ = \sqrt{(c-a)^2 + (d-b)^2}$
> (45ページ参照)

線分PQの長さは、2点間の距離の公式より

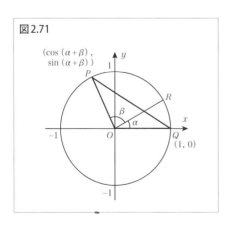

図2.71

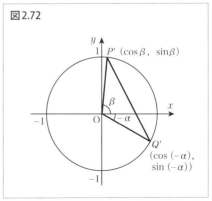

図2.72

$$PQ^2 = \{1-\cos(\alpha+\beta)\}^2 + \{0-\sin(\alpha+\beta)\}^2$$
$$= 1 - 2\cos(\alpha+\beta) + \cos^2(\alpha+\beta) + \sin^2(\alpha+\beta)$$
$$= 1 - 2\cos(\alpha+\beta) + 1$$
$$= 2 - 2\cos(\alpha+\beta) \quad \boxed{\sin^2\theta + \cos^2\theta = 1}$$

図2.71の$\triangle POQ$を、Oを中心に$-\alpha$だけ回転させた三角形は、図2.72の$\triangle P'OQ'$である。P'、Q'の座標は、それぞれ、

$P'(\cos\beta, \sin\beta)$、
$Q'(\cos(-\alpha), \sin(-\alpha))$

> 三角比の性質(103ページ)
> (2) $\sin(-\theta) = -\sin\theta$
> $\cos(-\theta) = \cos\theta$

だから、
$$P'Q'^2 = \{\cos(-\alpha) - \cos\beta\}^2 + \{\sin(-\alpha) - \sin\beta\}^2$$
$$= \{\cos\alpha - \cos\beta\}^2 + \{-\sin\alpha - \sin\beta\}^2$$
$$= \cos^2\alpha - 2\cos\alpha\cos\beta + \cos^2\beta + \sin^2\alpha + 2\sin\alpha\sin\beta + \sin^2\beta$$
$$= \cos^2\alpha + \sin^2\alpha + \cos^2\beta + \sin^2\beta \quad \boxed{\sin^2\theta + \cos^2\theta = 1}$$
$$\quad - 2\cos\beta\cos\alpha + 2\sin\alpha\sin\beta$$
$$= 1 + 1 - 2\cos\beta\cos\alpha + 2\sin\alpha\sin\beta$$
$$= 2 - 2\cos\alpha\cos\beta + 2\sin\alpha\sin\beta$$

$\triangle OPQ$を$-\alpha$だけ回転させてできた三角形が$\triangle OP'Q'$だから、$PQ = P'Q'$である。そこで、$PQ^2 = P'Q'^2$より、

$$2 - 2\cos(\alpha+\beta) = 2 - 2\cos\alpha\cos\beta + 2\sin\alpha\sin\beta$$

よって、$\cos(\alpha+\beta) = \cos\alpha\cos\beta - \sin\alpha\sin\beta$

これで(3)が証明された。

次に、(4)を証明しよう。
$$\cos(\alpha-\beta) = \cos\{\alpha + (-\beta)\}$$
$$= \cos\alpha\cos(-\beta) - \sin\alpha\sin(-\beta)$$
$$= \cos\alpha\cos\beta + \sin\alpha\sin\beta$$

> 加法定理(3)を用いて

これで(4)が証明された。

> 三角比の性質(103ページ)
> (2) $\sin(-\theta) = -\sin\theta$、$\cos(-\theta) = \cos\theta$

次に(1)を証明しよう。

$$\sin(\alpha+\beta) = \cos\left\{\frac{\pi}{2}-(\alpha+\beta)\right\}$$

《三角比の性質(103ページ)
(3) $\cos\left(\frac{\pi}{2}-\theta\right)=\sin\theta$》

$$= \cos\left\{\left(\frac{\pi}{2}-\alpha\right)-\beta\right\}$$

《加法定理(4)を用いて》

$$= \cos\left(\frac{\pi}{2}-\alpha\right)\cos\beta + \sin\left(\frac{\pi}{2}-\alpha\right)\sin\beta$$

$$= \sin\alpha\cos\beta + \cos\alpha\sin\beta$$

《(3) $\sin\left(\frac{\pi}{2}-\theta\right)=\cos\theta$
$\cos\left(\frac{\pi}{2}-\theta\right)=\sin\theta$》

よって、$\sin(\alpha+\beta)=\sin\alpha\cos\beta+\cos\alpha\sin\beta$
これで、(1)が証明された。
(2)も(4)と同じように証明できる。

次に、(5)を証明しよう。

$$\tan(\alpha+\beta) = \frac{\sin(\alpha+\beta)}{\cos(\alpha+\beta)}$$

《$\tan\theta=\frac{\sin\theta}{\cos\theta}$ より》

$$= \frac{\sin\alpha\cos\beta+\cos\alpha\sin\beta}{\cos\alpha\cos\beta-\sin\alpha\sin\beta}$$

$$= \frac{\dfrac{\sin\alpha\cos\beta}{\cos\alpha\cos\beta}+\dfrac{\cos\alpha\sin\beta}{\cos\alpha\cos\beta}}{\dfrac{\cos\alpha\cos\beta}{\cos\alpha\cos\beta}-\dfrac{\sin\alpha\sin\beta}{\cos\alpha\cos\beta}}$$

《分母、分子を $\cos\alpha\cos\beta$ で割る》

$$= \frac{\dfrac{\sin\alpha}{\cos\alpha}+\dfrac{\sin\beta}{\cos\beta}}{1-\dfrac{\sin\alpha}{\cos\alpha}\cdot\dfrac{\sin\beta}{\cos\beta}} = \frac{\tan\alpha+\tan\beta}{1-\tan\alpha+\tan\beta}$$

これで(5)が証明された。
(6)も(5)と同じように証明できる。

問題2.13 加法定理の(2)、(6)を証明せよ(解答118ページ)。

角 α、β の三角関数の値がわかれば、加法定理によって、$\alpha+\beta$ の三角関数の値がわかる(以下、ラジアンだと計算が面倒なので、度数法で表す)。

たとえば、$\alpha=45°$、$\beta=30°$ のとき、

$$\sin 75° = \sin(45°+30°) = \sin 45°\cos 30° + \cos 45°\sin 30°$$

$$= \frac{1}{\sqrt{2}}\cdot\frac{\sqrt{3}}{2} + \frac{1}{\sqrt{2}}\cdot\frac{1}{2} = \frac{\sqrt{3}+1}{2\sqrt{2}} = \frac{\sqrt{6}+\sqrt{2}}{4}$$

と求めることができる。

問題2.14 加法定理を用いて、次の値を求めよ（ただし、三角比の表を用いないで求める）（解答118ページ）。

(1) $\sin 165°$ (2) $\cos 15°$

● 足し算をかけ算へ

ここでは、加法定理から和・差を積に変える公式を導こう。

$$
\begin{aligned}
(1)\ & \sin\alpha + \sin\beta = 2\sin\frac{\alpha+\beta}{2}\cos\frac{\alpha-\beta}{2} \\
(2)\ & \sin\alpha - \sin\beta = 2\cos\frac{\alpha+\beta}{2}\sin\frac{\alpha-\beta}{2} \\
(3)\ & \cos\alpha + \cos\beta = 2\cos\frac{\alpha+\beta}{2}\cos\frac{\alpha-\beta}{2} \\
(4)\ & \cos\alpha - \cos\beta = -2\sin\frac{\alpha+\beta}{2}\sin\frac{\alpha-\beta}{2}
\end{aligned}
$$

この公式を導こう。

(1) 加法定理より、
$$\sin(\gamma+\delta) = \sin\gamma\cos\delta + \cos\gamma\sin\delta \quad \cdots\cdots ①$$
$$\sin(\gamma-\delta) = \sin\gamma\cos\delta - \cos\gamma\sin\delta \quad \cdots\cdots ②$$

①＋②より、
$$\sin(\gamma+\delta) + \sin(\gamma-\delta) = 2\sin\gamma\cos\delta \quad \cdots\cdots ③$$

$\gamma+\delta = \alpha$ ……ⓐ、$\gamma-\delta = \beta$ ……ⓑとおくと、

ⓐ＋ⓑより $2\gamma = \alpha+\beta$ よって $\gamma = \dfrac{\alpha+\beta}{2}$

ⓐ－ⓑより $2\delta = \alpha-\beta$ よって $\delta = \dfrac{\alpha-\beta}{2}$

そこで、これらを③に代入して、
$$\sin\alpha + \sin\beta = 2\sin\frac{\alpha+\beta}{2}\cos\frac{\alpha-\beta}{2}$$

(2) ①から②を引き算し、(1)と同じようにすれば導かれる。

(3) 加法定理より、
$$\cos(\gamma+\delta) = \cos\gamma\cos\delta - \sin\gamma\sin\delta \quad \cdots\cdots ④$$
$$\cos(\gamma-\delta) = \cos\gamma\cos\delta + \sin\gamma\sin\delta \quad \cdots\cdots ⑤$$
④+⑤より、
$$\cos(\gamma+\delta) + \cos(\gamma-\delta) = 2\cos\gamma\cos\delta \quad \cdots\cdots ⑥$$
$\gamma+\delta=\alpha$、$\gamma-\delta=\beta$とおくと、
$$\gamma = \frac{\alpha+\beta}{2}, \quad \delta = \frac{\alpha-\beta}{2}$$
そこで、これらを⑥に代入して、
$$\cos\alpha + \cos\beta = 2\cos\frac{\alpha+\beta}{2}\cos\frac{\alpha-\beta}{2}$$
(4) ④から⑤を引き算し、(3)と同じようにすれば導かれる。

問題2.15 和・差から積に変える公式の(2)、(4)を証明せよ(解答118ページ)。

具体的には、次のように計算する。
$$\cos 75° - \cos 15° = -2\sin\frac{75°+15°}{2}\sin\frac{75°-15°}{2}$$
$$= -2\sin 45°\sin 30°$$
$$= -2\cdot\frac{1}{\sqrt{2}}\cdot\frac{1}{2} = -\frac{1}{\sqrt{2}}$$

問題2.16 次の値を求めよ(解答119ページ)。
(1) $\sin 105° - \sin 15°$ (2) $\cos 75° + \cos 15°$

● **かけ算を足し算へ**
ここでは、加法定理から積を和・差に変える公式を導こう。

(1) $\sin\alpha\cos\beta = \frac{1}{2}\{\sin(\alpha+\beta) + \sin(\alpha-\beta)\}$

(2) $\cos\alpha\sin\beta = \frac{1}{2}\{\sin(\alpha+\beta) - \sin(\alpha-\beta)\}$

(3) $\cos\alpha\cos\beta = \frac{1}{2}\{\cos(\alpha+\beta) + \cos(\alpha-\beta)\}$

(4) $\sin\alpha\sin\beta = -\frac{1}{2}\{\cos(\alpha+\beta) - \cos(\alpha-\beta)\}$

(1) 加法定理より、
$$\sin(\alpha+\beta) = \sin\alpha\cos\beta + \cos\alpha\sin\beta \quad \cdots\cdots ①$$
$$\sin(\alpha-\beta) = \sin\alpha\cos\beta - \cos\alpha\sin\beta \quad \cdots\cdots ②$$
①＋②より、
$$\sin(\alpha+\beta) + \sin(\alpha-\beta) = 2\sin\alpha\cos\beta$$
2で割って、
$$\sin\alpha\cos\beta = \frac{1}{2}\{\sin(\alpha+\beta) + \sin(\alpha-\beta)\}$$

(2) ①－②で導くことができる。

(3) 加法定理より、
$$\cos(\alpha+\beta) = \cos\alpha\cos\beta - \sin\alpha\sin\beta \quad \cdots\cdots ③$$
$$\cos(\alpha-\beta) = \cos\alpha\cos\beta + \sin\alpha\sin\beta \quad \cdots\cdots ④$$
③＋④より、
$$\cos(\alpha+\beta) + \cos(\alpha-\beta) = 2\cos\alpha\cos\beta$$
2で割って、
$$\cos\alpha\cos\beta = \frac{1}{2}\{\cos(\alpha+\beta) + \cos(\alpha-\beta)\}$$

(4) ③－④で導くことができる。

問題2.17 積から和・差に変える公式の(2)、(4)を証明せよ(解答120ページ)。

具体的には、次のように計算する。
$$\sin 75° \cos 45° = \frac{1}{2}\{\sin(75°+45°) + \sin(75°-45°)\}$$
$$= \frac{1}{2}(\sin 120° + \sin 30°) = \frac{1}{2}\left(\frac{\sqrt{3}}{2} + \frac{1}{2}\right) = \frac{\sqrt{3}+1}{4}$$

問題2.18 次の値を求めよ(解答120ページ)。
(1) $\sin 75° \sin 15°$ (2) $\cos 45° \cos 75°$

かけ算が足し算に変わると計算は簡単になる。現在は計算機を使うのであまり問題にはならないが、16世紀頃はこれが重要な問題だった。この考え方をヒントにして生まれたのが「対数」である。

解答

問題2.1 次の直角三角形ABCにおいて、$\sin\theta$、$\cos\theta$、$\tan\theta$を求めよ。

(1)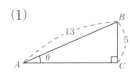
(2)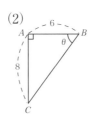
(3)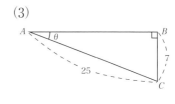

(解答)
(1) ピタゴラスの定理より $AC^2 + 5^2 = 13^2$

$AC^2 = 13^2 - 5^2 = 169 - 25 = 144$

$AC > 0$ より $AC = 12$

よって、

$\sin\theta = \dfrac{5}{13}$、 $\cos\theta = \dfrac{12}{13}$、 $\tan\theta = \dfrac{5}{12}$

(2) ピタゴラスの定理より $6^2 + 8^2 = BC^2$

$BC^2 = 36 + 64 = 100$

$BC > 0$ より $BC = 10$

よって、

$\sin\theta = \dfrac{8}{10} = \dfrac{4}{5}$、 $\cos\theta = \dfrac{6}{10} = \dfrac{3}{5}$、

$\tan\theta = \dfrac{8}{6} = \dfrac{4}{3}$

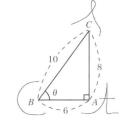

(3) ピタゴラスの定理より、 $AB^2 + 7^2 = 25^2$

$AB^2 = 25^2 - 7^2 = 625 - 49 = 576$

$AC > 0$ より $AC = 24$

よって

$\sin\theta = \dfrac{7}{25}$、 $\cos\theta = \dfrac{24}{25}$、

$\tan\theta = \dfrac{7}{24}$

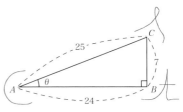

問題2.2 三角比の表を用いて、次の値を求めよ。

(1) $\sin 13°$ (2) $\cos 40°$ (3) $\tan 75°$

（解答）

(1) $\sin 13° = 0.2250$ (2) $\cos 40° = 0.7660$ (3) $\tan 75° = 3.7321$

問題2.3 太郎君が乗った飛行機は、時速216kmの速度で水平方向と35°の傾きで離陸した。速度と角度を保ちながら直進すると、20秒後の飛行機の高度ymと離陸地点からの水平距離xmを求めよ。

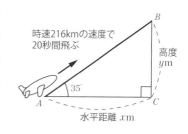

（解答）

時速216kmだから秒速にすると、$216000 \div 3600 = 60$m/秒

20秒間飛ぶから、飛んだ距離ABは、$AB = 60 \times 20 = 1200$m

したがって、

$\sin 35° = \dfrac{y}{1200}$ より $y = 1200 \cdot \sin 35° = 1200 \cdot 0.5736 = 688.32 ≒ 688$m

$\cos 35° = \dfrac{x}{1200}$ より $x = 1200 \cdot \cos 35° = 1200 \cdot 0.8192 = 983.04 ≒ 983$m

問題2.4 OXを始線として、次の角の動径OPを上の例のように図示せよ。

(1) $510°$ (2) $-675°$

（解答）

(1) $510° = 360° + 150°$ だから下図のようになる。

(2) $-675° = -360° - 315°$ だから下図のようになる。

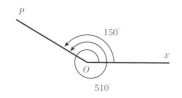
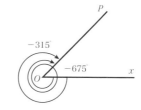

問題2.5 次の動径を表す一般角を求めよ。

(1)

(2)

（解答）
(1) $495° = 135° + 360° \times 1$ だから、一般角は
$$135° + 360° \times n \quad (n は整数)$$

(2) $-510° = 210° - 720° = 210° + 360° \times (-2)$ だから、一般角は
$$210° + 360° \times n \quad (n は整数)$$

問題2.6 次の角は、第何象限の角であるか。

(1) $200°$ (2) $750°$ (3) $-400°$

（解答）
(1) $180° < 200° < 270°$ であるから、$200°$ の動径は第3象限にある。したがって、$200°$ は第3象限の角である。

(2) $750° = 30° + 720° = 30° + 360° \times 2$ であり、$0° < 30° < 90°$ であるから、$750°$ の動径は第1象限にある。したがって、$750°$ は第1象限の角である。

(3) $-400° = 320° - 720° = 320° + 360° \times (-2)$ であり、$270° < 320° < 360°$ であるから、$750°$ の動径は第4象限にある。したがって、$750°$ は第4象限の角である。

問題2.7 次の角に対する三角関数の正負を求めよ。

(1) $100°$ (2) $300°$ (3) $600°$ (4) $-670°$

（解答）
(1) $100°$ は第2象限の角だから、
$$\sin 100° > 0、\cos 100° < 0、\tan 100° < 0$$

(2) $300°$ は第4象限の角だから、$\sin 300° < 0、\cos 300° > 0、\tan 300° < 0$

(3) $600° = 240° + 360°$ より、$600°$ は第3象限の角だから、
$$\sin 600° < 0、\cos 600° < 0、\tan 600° > 0$$

(4) $-670° = 50° - 720°$ より、$-670°$ は第1象限の角だから、
$\sin(-670°) > 0$、$\cos 600(-670°) > 0$、$\tan(-670°) > 0$

問題2.8 次の角に対する三角関数の値を、表を用いずに求めよ。

(1) $120°$ (2) $390°$ (3) $-45°$ (4) $-480°$

(解答)

(1) $\sin 120° = \dfrac{\sqrt{3}}{2}$

$\cos 120° = -\dfrac{1}{2}$

$\tan 120° = -\sqrt{3}$

(2) $\sin 390° = \dfrac{1}{2}$

$\cos 390° = \dfrac{\sqrt{3}}{2}$

$\tan 390° = \dfrac{1}{\sqrt{3}}$

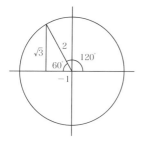

(3) $\sin(-45°) = -\dfrac{1}{\sqrt{2}}$

$\cos(-45°) = \dfrac{1}{\sqrt{2}}$

$\tan(-45°) = -1$

(4) $\sin(-480°) = -\dfrac{\sqrt{3}}{2}$

$\cos(-480°) = -\dfrac{1}{2}$

$\tan(-480°) = \sqrt{3}$

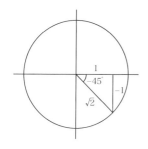

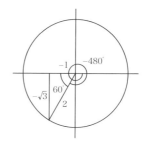

問題2.9 次の角における三角関数の値を表を用いて求めよ。

(1) 155° (2) 325° (3) 425° (4) −160°

（解答）

(1) 155°は第2象限の角だから、
   sin 155°>0、cos 155°<0、tan 155°<0
であり、180°−155°=25°
右の図より、
   sin 155° = sin 25° = 0.4226
   cos 155° = −cos 25° = −0.9063
   tan 155° = −tan 25° = −0.4663

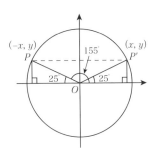

(2) 325°は第4象限の角だから、
   sin 325°<0、cos 325°>0、tan 325°<0
であり、360°−325°=35°
右の図より、
   sin 325° = −sin 35° = −0.5736
   cos 325° = cos 35° = 0.8192
   tan 325° = −tan 35° = −0.7002

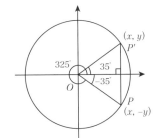

(3) 425°は第1象限の角だから、
   sin 425°>0、cos 425°>0、
   tan 425°>0
であり、425°−360°=65°
右の図より、
   sin 425° = sin 65° = 0.9063
   cos 425° = cos 65° = 0.4226
   tan 425° = tan 65° = 2.1445

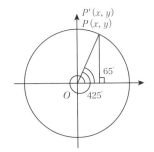

(4) −160°は第3象限の角だから、
   sin(−160°)<0、cos(−160°)<0、
   tan(−160°)>0
であり、180°−160°=20°
右の図より、

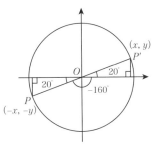

$$\sin(-160°) = -\sin 20° = -0.3420$$
$$\cos(-160°) = -\cos 20° = -0.9397$$
$$\tan(-160°) = \tan 20° = 0.3640$$

問題2.10 次の角を、度は弧度に、弧度は度にそれぞれ書き直せ。

(1) $15°$ (2) $-240°$ (3) $\dfrac{5}{9}\pi$ (4) -3π

(解答)

(1) $15° = 15 \times 1° = 15 \times \dfrac{\pi}{180} = \dfrac{\pi}{12}$

(2) $-240° = -240 \times 1° = -240 \times \dfrac{\pi}{180} = -\dfrac{4\pi}{3}$

(3) $\dfrac{5}{9}\pi = \dfrac{5}{9}\pi \times 1 = \dfrac{5}{9}\pi \times \dfrac{180°}{\pi} = 100°$

(4) $-3\pi = -3\pi \times 1 = -3\pi \times \dfrac{180°}{\pi} = -540°$

問題2.11 (2.8)を導き出せ。

(解答)

$\sin\theta \neq 0$ のとき、(2.7)の両辺を $\sin^2\theta$ で割ると、

$$\dfrac{\sin^2\theta}{\sin^2\theta} + \dfrac{\cos^2\theta}{\sin^2\theta} = \dfrac{1}{\sin^2\theta}$$

$\dfrac{\cos^2\theta}{\sin^2\theta} = \left(\dfrac{\cos\theta}{\sin\theta}\right)^2 = \left(\dfrac{1}{\frac{\sin\theta}{\cos\theta}}\right)^2 = \dfrac{1^2}{\left(\frac{\sin\theta}{\cos\theta}\right)^2} = \dfrac{1}{\tan^2\theta}$ であるから、

$$1 + \dfrac{1}{\tan^2\theta} = \dfrac{1}{\sin^2\theta}$$

問題2.12 $\dfrac{3}{2}\pi = \pi + \dfrac{\pi}{2}$ を利用し、三角関数の性質(4)、(6)を用いて、次の式を証明せよ。

(1) $\sin\left(\dfrac{3\pi}{2} + \theta\right) = -\cos\theta$ (2) $\cos\left(\dfrac{3\pi}{2} + \theta\right) = \sin\theta$

(3) $\tan\left(\dfrac{3\pi}{2} + \theta\right) = -\dfrac{1}{\tan\theta}$

(解答)

(1) $\sin\left(\dfrac{3\pi}{2} + \theta\right) = \sin\left\{\pi + \left(\dfrac{\pi}{2} + \theta\right)\right\} = -\sin\left(\dfrac{\pi}{2} + \theta\right) = -\cos\theta$

(2) $\cos\left(\dfrac{3\pi}{2} + \theta\right) = \cos\left\{\pi + \left(\dfrac{\pi}{2} + \theta\right)\right\} = -\cos\left(\dfrac{\pi}{2} + \theta\right) = \sin\theta$

(3) $\tan\left(\dfrac{3\pi}{2} + \theta\right) = \tan\left\{\pi + \left(\dfrac{\pi}{2} + \theta\right)\right\} = \tan\left(\dfrac{\pi}{2} + \theta\right) = -\dfrac{1}{\tan\theta}$

問題2.13 加法定理の(2)、(6)を証明せよ。

（証明）

(2) $\sin(\alpha-\beta) = \sin\{\alpha+(-\beta)\}$
$= \sin\alpha\cos(-\beta) + \cos\alpha\sin(-\beta)$
$= \sin\alpha\cos\beta - \cos\alpha\sin\beta$

よって、
$\sin(\alpha-\beta) = \sin\alpha\cos\beta - \cos\alpha\sin\beta$

(6) $\tan(\alpha-\beta) = \dfrac{\sin(\alpha-\beta)}{\cos(\alpha-\beta)}$
$= \dfrac{\sin\alpha\cos\beta - \cos\alpha\sin\beta}{\cos\alpha\cos\beta + \sin\alpha\sin\beta}$
$= \dfrac{\dfrac{\sin\alpha\cos\beta}{\cos\alpha\cos\beta} - \dfrac{\cos\alpha\sin\beta}{\cos\alpha\cos\beta}}{\dfrac{\cos\alpha\cos\beta}{\cos\alpha\cos\beta} + \dfrac{\sin\alpha\sin\beta}{\cos\alpha\cos\beta}}$
$= \dfrac{\tan\alpha - \tan\beta}{1 + \tan\alpha\tan\beta}$

問題2.14 加法定理を用いて、次の値を求めよ（ただし、三角比の表を用いないで求める）。

(1) $\sin 165°$ 　　　　(2) $\cos 15°$

（解答）

(1) $\sin 165° = \sin(45° + 120°) = \sin 45°\cos 120° + \cos 45°\sin 120°$
$= \dfrac{1}{\sqrt{2}} \cdot \left(-\dfrac{1}{2}\right) + \dfrac{1}{\sqrt{2}} \cdot \dfrac{\sqrt{3}}{2} = \dfrac{-1+\sqrt{3}}{2\sqrt{2}} = \dfrac{\sqrt{6}-\sqrt{2}}{4}$

(2) $\cos 15° = \cos(45° - 30°) = \cos 45°\cos 30° + \sin 45°\sin 30°$
$= \dfrac{1}{\sqrt{2}} \cdot \dfrac{\sqrt{3}}{2} + \dfrac{1}{\sqrt{2}} \cdot \dfrac{1}{2} = \dfrac{\sqrt{3}+1}{2\sqrt{2}} = \dfrac{\sqrt{6}+\sqrt{2}}{4}$

問題2.15 和・差から積に変える公式の(2)、(4)を証明せよ。

（解答）

(2) 加法定理より、
$\sin(\gamma+\delta) = \sin\gamma\cos\delta + \cos\gamma\sin\delta$ 　……①
$\sin(\gamma-\delta) = \sin\gamma\cos\delta - \cos\gamma\sin\delta$ 　……②

①−②より、
$$\sin(\gamma+\delta) - \sin(\gamma-\delta) = 2\cos\gamma\sin\delta \quad \cdots\cdots ③$$
$\gamma+\delta=\alpha$、$\gamma-\delta=\beta$とおくと、
$$\gamma = \frac{\alpha+\beta}{2}、\quad \delta = \frac{\alpha-\beta}{2}$$
だから、これらを③に代入して、
$$\sin\alpha - \sin\beta = 2\cos\frac{\alpha+\beta}{2}\sin\frac{\alpha-\beta}{2}$$

(4) 加法定理より、
$$\cos(\gamma+\delta) = \cos\gamma\cos\delta - \sin\gamma\sin\delta \quad \cdots\cdots ④$$
$$\cos(\gamma-\delta) = \cos\gamma\cos\delta + \sin\gamma\sin\delta \quad \cdots\cdots ⑤$$
④−⑤より、
$$\cos(\gamma+\delta) - \cos(\gamma-\delta) = -2\sin\gamma\sin\delta \quad \cdots\cdots ⑥$$
$\gamma+\delta=\alpha$、$\gamma-\delta=\beta$とおくと、
$$\gamma = \frac{\alpha+\beta}{2}、\quad \delta = \frac{\alpha-\beta}{2}$$
だから、これらを⑥に代入して、
$$\cos\alpha - \cos\beta = -2\sin\frac{\alpha+\beta}{2}\sin\frac{\alpha-\beta}{2}$$

問題2.16 次の値を求めよ。

(1) $\sin 105° - \sin 15°$ 　　(2) $\cos 75° + \cos 15°$

(解答)
(1) $\sin 105° - \sin 15° = 2\cos\dfrac{105°+15°}{2}\sin\dfrac{105°-15°}{2}$
　　　　　　　　　　　 $= 2\cos 60°\sin 45°$
　　　　　　　　　　　 $= 2\cdot\dfrac{1}{2}\cdot\dfrac{1}{\sqrt{2}} = \dfrac{1}{\sqrt{2}}$

(2) $\cos 75° + \cos 15° = 2\cos\dfrac{75°+15°}{2}\cos\dfrac{75°-15°}{2}$
　　　　　　　　　　　 $= 2\cos 45°\cos 30°$
　　　　　　　　　　　 $= 2\cdot\dfrac{1}{\sqrt{2}}\cdot\dfrac{\sqrt{3}}{2} = \dfrac{\sqrt{3}}{\sqrt{2}} = \dfrac{\sqrt{6}}{2}$

問題2.17 積から和・差に変える公式の(2)、(4)を証明せよ。

(証明)

(2) $\sin(\alpha+\beta) = \sin\alpha\cos\beta + \cos\alpha\sin\beta$ ……①

$\sin(\alpha-\beta) = \sin\alpha\cos\beta - \cos\alpha\sin\beta$ ……②

①－②より、

$\sin(\alpha+\beta) - \sin(\alpha-\beta) = 2\sin\alpha\cos\beta$

2で割って、

$\sin\alpha\cos\beta = \dfrac{1}{2}\{\sin(\alpha+\beta) - \sin(\alpha-\beta)\}$

(4) $\cos(\alpha+\beta) = \cos\alpha\cos\beta - \sin\alpha\sin\beta$ ……③

$\cos(\alpha-\beta) = \cos\alpha\cos\beta + \sin\alpha\sin\beta$ ……④

③－④より、

$\cos(\alpha+\beta) - \cos(\alpha-\beta) = -2\sin\alpha\sin\beta$

－2で割って、

$\sin\alpha\sin\beta = -\dfrac{1}{2}\{\cos(\alpha+\beta) - \cos(\alpha-\beta)\}$

問題2.18 次の値を求めよ。

(1) $\sin 75° \sin 15°$ 　　　　(2) $\cos 45° \cos 75°$

(解答)

(1) $\sin 75° \sin 15° = -\dfrac{1}{2}\{\cos(75°+15°) - \cos(75°-15°)\}$

$= -\dfrac{1}{2}\{\cos 90° - \cos 60°\}$

$= -\dfrac{1}{2}\left(0 - \dfrac{1}{2}\right) = \dfrac{1}{4}$

(2) $\cos 45° \cos 75° = \dfrac{1}{2}\{\cos(45°+75°) + \cos(45°-75°)\}$

$= \dfrac{1}{2}\{\cos 120° + \cos(-30°)\}$

$= \dfrac{1}{2}\left(-\dfrac{1}{2} + \dfrac{\sqrt{3}}{2}\right) = \dfrac{\sqrt{3}-1}{4}$

第3章
指数関数・対数関数

オイラーの公式「$e^{ix} = \cos x + i \sin x$」の左辺は、指数関数 e^{ix} である。この指数関数には、e の肩に ix と純虚数が乗っている。この場合については、220ページで考えることにして、ここでは1でない正の実数 a の肩に実数 x が乗った指数関数 $y = a^x$ を考える。さらに、指数関数の逆関数である対数関数 $y = \log_a x$ について考える。そのために、次のステップを踏む。

本章の流れ

1. 2を3回かけ算することを 2^3 と書く。この 2^3 は、指数法則と呼ばれる3つの式を満たす。この指数法則を満たすように、a^n の n を自然数から、整数、有理数、実数へと広げる

2. 実数 x に対する指数関数 $y = a^x$ のグラフを描き、その性質を調べる

3. 1では、実数 p に対して、$a^p = M$ となる M を求めたが、ここでは、逆に M から $M = a^p$ となる p を求める。この p を $\log_a M$ と書き、対数という。この対数の性質や基本公式を導き、かけ算 MN を、足し算 $\log_a M + \log_a N$ に変換してから、MN の値を求めることを考える

4. 実数 x に対する対数関数 $y = \log_a x$ のグラフを描き、その性質を調べる

指数関数 $y=a^x$、対数関数 $y=\log_a x$ は、三角関数と並んで重要な関数である。ネイピア数 e は、指数関数や対数関数を通して発見された。また日常生活でも、音階は指数で成り立ち、星の明るさの程度を表す等級や地震の規模を表すマグニチュードでは、指数・対数が活躍している。そのほか、酸性・アルカリ性の判定にも対数が使われ、会社の好調な業績の将来を予測するにも対数が利用される。

このように、日常生活でも用いられる指数・対数、そして、指数関数・対数関数が、どのようなものかを見ていこう。

1. 指数の拡張

指数関数を考える前に、指数とはどのようなものかを見ていこう。

0 でない実数 a を n 個かけ合わせたものを、a^n と書いて、a の n 乗という。つまり、

$$a^n = \underbrace{a \times a \times a \times \cdots\cdots \times a}_{n 個} \tag{3.1}$$

そして、a^1、a^2、a^3、a^4、……、a^n、……を総称して、a の**累乗**といい、a を累乗の**底**、n を累乗の**指数**という。

このように指数を定義すると、

① $a^2 \times a^3 = (a \times a) \times (a \times a \times a) = a^{2+3}$

② $(a^2)^3 = a^2 \times a^2 \times a^2 = a^{2+2+2} = a^{2 \times 3}$

③ $(ab)^3 = ab \times ab \times ab = (a \times a \times a) \times (b \times b \times b) = a^3 b^3$

と計算できる。すなわち、

① $a^2 \times a^3 = a^{2+3}$

② $(a^2)^3 = a^{2 \times 3}$

③ $(ab)^3 = a^3 b^3$

が成り立つ。

この3つの式は一般に、

$a \neq 0$、$b \neq 0$で、n、mが自然数のとき、
① $a^m \times a^n = a^{m+n}$　　② $(a^m)^n = a^{m \times n}$　　③ $(ab)^n = a^n b^n$

とまとめることができる。この3つの計算規則を**指数法則**という。

さて、今までは、a^1、a^2、a^3、a^4、……$(a \neq 0)$と、指数は自然数であったが、指数が自然数以外の数であればどうなるか。たとえば、
$$2^{-3}, \quad 2^0, \quad 2^{\frac{1}{2}}, \quad 2^{-\frac{3}{2}}, \quad 2^{0.3}, \quad 2^{\sqrt{2}}$$
は何か？ (3.1)による指数の定義では、「2^{-3}は2を-3個かけ算する」というように、訳のわからないことになってしまう。重要なのは「2^3は2を3個かけ算する」という定義ではなく、指数法則が成り立つことである。そこで、(3.1)による指数の定義をやめて、指数法則を満たすように自然数以外の実数についても定義していく。このことを、これから考えよう。

● 0や負の整数の指数

いま、整数m、nと0でない実数aについて、
　　　① $a^m \times a^n = a^{m+n}$
が成り立つと仮定する。このとき、

[1] $m=0$ならば、$a^0 \times a^n = a^{0+n} = a^n$が成り立つ。

　　$a^n \neq 0$であるから、両辺をa^nで割ると$a^0 = 1$となる。

[2] $m=-n$のとき、$a^{-n} \times a^n = a^{-n+n} = a^0 = 1$

　　$a^n \neq 0$であるから、両辺をa^nで割ると、$a^{-n} = \dfrac{1}{a^n}$

今度は、逆に$a^0 = 1$、$a^{-n} = \dfrac{1}{a^n}$と定義すると、整数の範囲で指数法則①～③が成り立つことを調べよう。

ここでは、証明ではなく、具体的な例を示すことにする。

$a^0 = 1$とすると、指数に0があっても指数法則が成り立つことを、$a=2$、$b=3$、$m=3$、$n=0$で確かめよう。

① $a^m \times a^n = a^{m+n}$　について、
$$2^3 \times 2^0 = 2^3 \times 1 = 2^3 = 8, \quad 2^{3+0} = 2^3 = 8$$
だから、$2^3 \times 2^0 = 2^{3+0}$

② $(a^m)^n = a^{m \times n}$ について、
$$(2^3)^0 = 8^0 = 1, \quad 2^{3 \times 0} = 2^0 = 1$$
だから、$(2^3)^0 = a^{3 \times 0}$

③ $(a \times b)^n = a^n \times b^n$ について、
$$(2 \times 3)^0 = 6^0 = 1, \quad 2^0 \times 3^0 = 1 \times 1 = 1$$
だから、$(2 \times 3)^0 = 2^0 \times 3^0$

これらのことから、指数に0があっても指数法則が成り立つことがわかる。

問題3.1 $a^{-n} = \dfrac{1}{a^n}$ とすると、指数に負の数があっても指数法則が成り立つことを、$a=2$、$b=3$、$m=3$、$n=-2$ で確かめてみよ(解答148ページ)。

このような理由から、

$a \neq 0$、n を正の整数とするとき、次のように定義する。

(1) $a^0 = 1$ 　　　(2) $a^{-n} = \dfrac{1}{a^n}$

ただし、0の0乗、すなわち 0^0 は定義しない。

たとえば、次のように計算する。
(1) $3^{-4} = \dfrac{1}{3^4} = \dfrac{1}{81}$ 　　　(2) $(-3)^0 = 1$

問題3.2 次の数を 3^n の形で表せ(解答148ページ)。
(1) $\dfrac{1}{27}$ 　　(2) $\dfrac{1}{3}$ 　　(3) 1

問題3.3 次の値を求めよ(解答148ページ)。
(1) 9^0 　　(2) 5^{-3} 　　(3) $\left(-\dfrac{1}{3}\right)^{-5}$ 　　(4) 0.2^{-4}

指数に0や負の整数があっても指数法則が成り立つから、指数が自然数だけでなく、整数についても指数法則が成り立つことがわかる。すなわ

ち、

> $a \neq 0$、$b \neq 0$ で、n と m が整数のとき
> ① $a^m \times a^n = a^{m+n}$
> ② $(a^m)^n = a^{m \times n}$
> ③ $(ab)^n = a^n b^n$

それでは、指数が整数のとき、指数法則を使って、計算してみよう。

(1) $2^3 \times 2^{-4} = 2^{3+(-4)} = 2^{-1} = \dfrac{1}{2}$

(2) $(3^{-2})^{-3} \div 3 = 3^{(-2) \times (-3)} \times \dfrac{1}{3} = 3^6 \times 3^{-1} = 3^{6-1} = 3^5 = 243$

問題3.4 次の式を計算せよ(解答149ページ)。

(1) $3^{-3} \times 3^{-2}$ 　　(2) $(5^2)^{-3} \div 5^{-4}$ 　　(3) $4^{-2} \div 8 \times 16^2$

● 分数の指数

m、n が分数になっても、指数法則が成り立つようにしたい。
たとえば、$2^{\frac{3}{4}}$ について考えよう。
指数法則②$(a^m)^n = a^{m \times n}$ が成り立つとすると、
$$\left(2^{\frac{3}{4}}\right)^4 = 2^{\frac{3}{4} \times 4} = 2^3 \quad \cdots\cdots ①$$
である。つまり、$2^{\frac{3}{4}}$ は、4乗すると 2^3 になる数である。

一方、25ページで学んだように、累乗根 $\sqrt[4]{2^3}$ も4乗すると 2^3 になる数である。

つまり、$(\sqrt[4]{2^3})^4 = 2^3 \quad \cdots\cdots ②$
①、②より、$\left(2^{\frac{3}{4}}\right)^4 = (\sqrt[4]{2^3})^4$
$2^{\frac{3}{4}} > 0$、$\sqrt[4]{2^3} > 0$ だから、$2^{\frac{3}{4}} = \sqrt[4]{2^3}$ が成り立つ。

以上のことから、分数を指数とする累乗を次のように定義する。

> $a > 0$ で、m を整数、n を正の整数とするとき、
> $$a^{\frac{m}{n}} = \sqrt[n]{a^m}$$

この定義は、$a^{\frac{m}{n}}$ は n 乗して a^m になる数であることを意味している。この定義により、指数が分数になった場合も、指数法則が成り立つことがいえる。

ここでは、$a=5$、$b=7$、$m=\dfrac{1}{2}$、$n=\dfrac{2}{3}$ として、確認しよう。

① $a^m \times a^n = a^{m+n}$ について

　　指数の分数を整数に直すことを考える。2と3の最小公倍数が6であるから、左辺と右辺を6乗して、指数を整数にする。

$$\left(5^{\frac{1}{2}} \times 5^{\frac{2}{3}}\right)^6 = \left(5^{\frac{1}{2}}\right)^6 \times \left(5^{\frac{2}{3}}\right)^6 = \left(\left(5^{\frac{1}{2}}\right)^2\right)^3 \times \left(\left(5^{\frac{2}{3}}\right)^3\right)^2 = 5^3 \times (5^2)^2 = 5^7$$

$$\left(5^{\frac{1}{2}+\frac{2}{3}}\right)^6 = \left(5^{\frac{3+4}{6}}\right)^6 = \left(5^{\frac{7}{6}}\right)^6 = 5^7$$

> $5^{\frac{1}{2}}$ は2乗して5になる数だから

> $5^{\frac{2}{3}}$ は3乗して 5^2 になる数だから

　　より　　$\left(5^{\frac{1}{2}} \times 5^{\frac{2}{3}}\right)^6 = \left(5^{\frac{1}{2}+\frac{2}{3}}\right)^6$

$5^{\frac{1}{2}} \times 5^{\frac{2}{3}} > 0$、$5^{\frac{1}{2}+\frac{2}{3}} > 0$　だから　$5^{\frac{1}{2}} \times 5^{\frac{2}{3}} = 5^{\frac{1}{2}+\frac{2}{3}}$

② $(a^m)^n = a^{m \times n}$ について

同様に、指数の分数を整数に直すために、2と3の最小公倍数が6だから、左辺と右辺を6乗する。

$$\left(\left(5^{\frac{1}{2}}\right)^{\frac{2}{3}}\right)^6 = \left(\left(\left(5^{\frac{1}{2}}\right)^{\frac{2}{3}}\right)^3\right)^2 = \left(\left(5^{\frac{1}{2}}\right)^2\right)^2 = (5^1)^2 = 5^2$$

$$\left(5^{\frac{1}{2} \times \frac{2}{3}}\right)^6 = \left(\left(5^{\frac{1}{3}}\right)^3\right)^2 = (5^1)^2 = 5^2$$

　　より　　$\left(\left(5^{\frac{1}{2}}\right)^{\frac{2}{3}}\right)^6 = \left(5^{\frac{1}{2} \times \frac{2}{3}}\right)^6$

$\left(5^{\frac{1}{2}}\right)^{\frac{2}{3}} > 0$、$5^{\frac{1}{2} \times \frac{2}{3}} > 0$　だから　$\left(5^{\frac{1}{2}}\right)^{\frac{2}{3}} = 5^{\frac{1}{2} \times \frac{2}{3}}$

③ $(a \times b)^n = a^n \times b^n$ について

分数を整数に直すために、左辺と右辺を3乗する。

$$\left((5 \times 7)^{\frac{2}{3}}\right)^3 = (5 \times 7)^2 = 5^2 \times 7^2$$

$$\left(5^{\frac{2}{3}} \times 7^{\frac{2}{3}}\right)^3 = \left(5^{\frac{2}{3}}\right)^3 \times \left(7^{\frac{2}{3}}\right)^3 = 5^2 \times 7^2$$

　　より　　$\left((5 \times 7)^{\frac{2}{3}}\right)^3 = \left(5^{\frac{2}{3}} \times 7^{\frac{2}{3}}\right)^3$

よって、　$(5 \times 7)^{\frac{2}{3}} = 5^{\frac{2}{3}} \times 7^{\frac{2}{3}}$

これで、指数が分数であっても、指数法則が成り立つことがわかった。整数と分数を合わせて有理数だから、指数が有理数のときも指数法則が成り立つことがわかる。

$a>0$、$b>0$で、r, sが有理数のとき、
① $a^r \times a^s = a^{r+s}$　② $(a^r)^s = a^{r \times s}$　③ $(ab)^r = a^r b^r$

この指数法則を用いて計算しよう。

(1) $81^{-\frac{3}{4}} = (3^4)^{-\frac{3}{4}} = 3^{4 \times (-\frac{3}{4})} = 3^{-3} = \frac{1}{3^3} = \frac{1}{27}$

(2) $(2^{\frac{1}{2}} \times 3^{\frac{2}{3}})^6 = 2^{\frac{1}{2} \cdot 6} \times 3^{\frac{2}{3} \cdot 6} = 2^3 \times 3^4 = 8 \times 81 = 648$

(3) $2^{\frac{3}{4}} \div 2^{\frac{1}{2}} = 2^{\frac{3}{4}} \times \frac{1}{2^{\frac{1}{2}}} = 2^{\frac{3}{4}} \times 2^{-\frac{1}{2}} = 2^{\frac{3}{4}+(-\frac{1}{2})} = 2^{\frac{3}{4}-\frac{2}{4}} = 2^{\frac{1}{4}} = \sqrt[4]{2}$

$a \div b = a \times \frac{1}{b}$ より　　　　$\frac{1}{a^n} = a^{-n}$ より

問題3.5 次の式を計算せよ(解答149ページ)。

(1) $125^{-\frac{2}{3}}$　(2) $8^{\frac{1}{2}} \times 2^{\frac{1}{6}} \div 4^{\frac{1}{3}}$　(3) $\left\{\left(\frac{16}{9}\right)^{-\frac{3}{4}}\right\}^{\frac{2}{3}}$

● 無理数の指数

ここまでに、指数を自然数から有理数まで広げてきた。次に、$2^{\sqrt{2}}$のように、指数を無理数にまで広げてみよう。

$\sqrt{2}$を小数で表すと、

$$\sqrt{2} = 1.4142135623730950488016887242097\cdots\cdots$$

である。この数から、小数第1位まで、第2位まで、第3位まで、第4位まで、……と数を抜き出すと、

　　　1、1.4、1.41、1.414、1.4142、1.41421、1.414213、……

という無限に続く数列ができる。これらは有限小数だから有理数である。つまり、分数で表せるので今までの指数の定義が使え、これらの数を指数とする数列

$$2^1、2^{1.4}、2^{1.41}、2^{1.414}、2^{1.4142}、2^{1.41421}、2^{1.414213}、\cdots\cdots$$

ができる。これらの数の指数をどんどん$\sqrt{2}$に近づけていくと、これらの

数は、以下のようにある一定の数に近づいていく。その一定の数を$2^{\sqrt{2}}$と定義する。

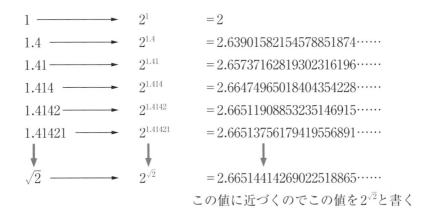

この値に近づくのでこの値を$2^{\sqrt{2}}$と書く

指数は有理数の中では指数法則が成り立つから、指数法則は、限りなく近づく数$2^{\sqrt{2}}$にも受け継がれる。すなわち、この定義によって、指数が無理数でも指数法則は成り立つことになる。

有理数と無理数を合わせて実数だから、指数が実数の場合まで指数法則が成り立つように拡張できた。

$a>0$、$b>0$で、x、yが実数のとき、
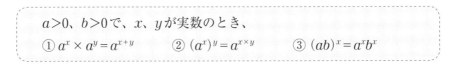

2 指数関数

$a>0$、$a \neq 1$のとき、任意の実数xに対して、a^xの値がただ1つ定まるので、この値をyとおくと、$y=a^x$はxの関数である。

この関数$y=a^x$をaを底とする**指数関数**という。

● 指数関数のグラフ

ここでは、指数関数のグラフを描こう。

(1) 指数関数 $y = 2^x$ のグラフを描くためには、$x = p$ のとき $y = 2^p$ を計算し、座標平面上に点 $(p, 2^p)$ をとる。それらの点を滑らかな曲線で結べば、グラフの概形が描ける。

たとえば、

$x = -3$ のとき、$y = 2^{-3} = \dfrac{1}{2^3} = \dfrac{1}{8}$ だから、点 $\left(-3, \dfrac{1}{8}\right)$ をとる。同じように計算すると、$x = p$ の値に対して、2^p の値は表3.1のようになる。

表3.1

x	-3	-2	-1	0	1	2	3
2^x	$\dfrac{1}{8}$	$\dfrac{1}{4}$	$\dfrac{1}{2}$	1	2	4	8

座標平面上にこれらの点をとり、その点を滑らかな曲線で結ぶと、$y = 2^x$ のグラフは図3.1(1)のようになる。

(2) 次に、$y = \left(\dfrac{1}{2}\right)^x$ のグラフを描こう。

ここでも $x = p$ を代入して $\left(\dfrac{1}{2}\right)^p$ を計算するが、このままでは少し面倒なので、前もって関数を変形しておく。

$\dfrac{1}{2} = 2^{-1}$ より、 $y = \left(\dfrac{1}{2}\right)^x = (2^{-1})^x = 2^{-x}$

である。

$x = -3$ のとき、$y = 2^{-x} = 2^{-(-3)} = 2^3 = 8$ だから、点 $(-3, 8)$ をとる。同じように計算すると、$x = p$ の値に対して、$\left(\dfrac{1}{2}\right)^p$ の値は表3.2のようになる。

表3.2

x	-3	-2	-1	0	1	2	3
$\left(\dfrac{1}{2}\right)^x$	8	4	2	1	$\dfrac{1}{2}$	$\dfrac{1}{4}$	$\dfrac{1}{8}$

座標平面に点をとり、それらの点を滑らかな曲線で結ぶと、$y = \left(\dfrac{1}{2}\right)^x$ のグラフは図3.1(2)の太い実線になる。

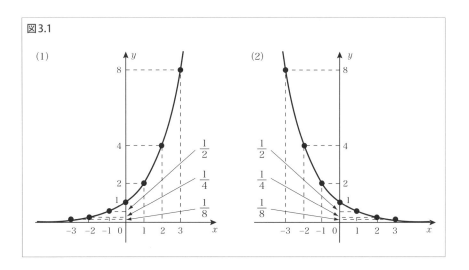

図3.1

問題3.6 次の指数関数のグラフを描け(解答149ページ)。

(1) $y = 3^x$ (2) $y = \left(\dfrac{1}{3}\right)^x$

一般に、$a > 0$、$a \neq 1$ のとき、指数関数 $y = a^x$ のグラフは図3.2の太い実線になる。

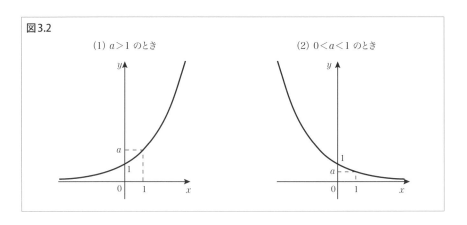

図3.2

● 指数関数の性質

　指数関数 $y=a^x$ のグラフを見ながら、指数関数の性質を調べよう。

(1) グラフを見ると、x の値はすべての実数をとるが、y の値は正の実数しかとれない。すなわち、指数関数 $y=a^x$ の定義域は実数全体で、値域は実数の正の部分であるといえる（図3.3）。

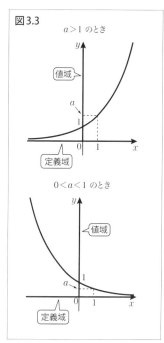

図3.3

(2) $a>1$ のとき、

　　x の値が増加すると、y の値も増加する。

　$0<a<1$ のとき、

　　x の値が増加すると、y の値は減少する。

　一般に、

x の値が増加すると、y の値も増加する関数を **増加関数**

x の値が増加すると、y の値が減少する関数を **減少関数**

という。

　そこで、指数関数 $y=a^x$ は、

$a>1$ のとき、増加関数

$0<a<1$ のとき、減少関数

である（図3.4）。

(3) 指数関数 $y=a^x$ のグラフは、a の値にかかわらず $(0,1)$ を通る。さらに、

$a>1$ のとき、

　　x の値が原点から負の方向へどんどん離れていくと、グラフは x 軸に限りなく近づく。

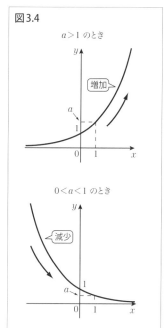

図3.4

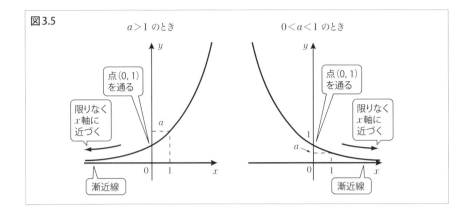

$0 < a < 1$ のとき、

x の値が原点から正の方向へどんどん離れていくと、グラフは x 軸に限りなく近づく。

このいずれの場合も、グラフが x 軸と交わることはない。このような直線を**漸近線**という（図3.5）。

すなわち、x 軸は、指数関数 $y = a^x$ の漸近線である。

以上のことをまとめると、図3.6のとおりである。

指数関数 $y = a^x$ は、次の性質を持つ（図3.6）。

(1) 定義域は実数全体、値域は正の実数全体

(2) $a > 1$ のとき増加関数、$0 < a < 1$ のとき減少関数

(3) グラフは点 $(1, 0)$ を通り、x 軸を漸近線とする

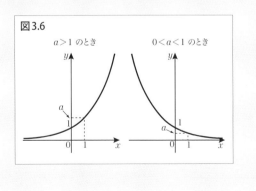

このように、指数関数$y=a^x$は、三角関数$y=\sin x$、$y=\cos x$とはまったく違うグラフ、性質をもつことがわかる。ところが、この2種類の関数は、複素数の世界に入るとオイラーの公式
$$e^{ix}=\cos x+i\sin x$$
で繋がってしまうのだ。驚くべきことである。

3 対　数

　ここまで、指数法則が成り立つように、指数を自然数から整数、分数、無理数へと拡張し、ついに実数xに対してa^xを定めることができた。
　そこで、指数法則① $a^m \times a^n = a^{m+n}$に注目すると、「数のかけ算$(a^m \times a^n)$が指数の足し算$(m+n)$になっている」ことに気付く。これを使って、かけ算を足し算に直して計算できないだろうか？
　たとえば、19683×243を計算してみよう。
　　$19683=3^9$、$243=3^5$、
　　$3^{14}=4782969$
であるから、
$$19683 \times 243 = 3^9 \times 3^5$$
$$= 3^{9+5}$$
$$= 3^{14}$$
$$= 4782969$$

図3.7
$19683=3^9$、$243=3^5$、
$3^{14}=4782969$であるから

（かけ算）				（足し算）
19683	→	3^9	→	9
× 243	→	3^5	→	+ 5
4782969	←	3^{14}	←	14

⇩

$19683 \times 243 = 4782969$

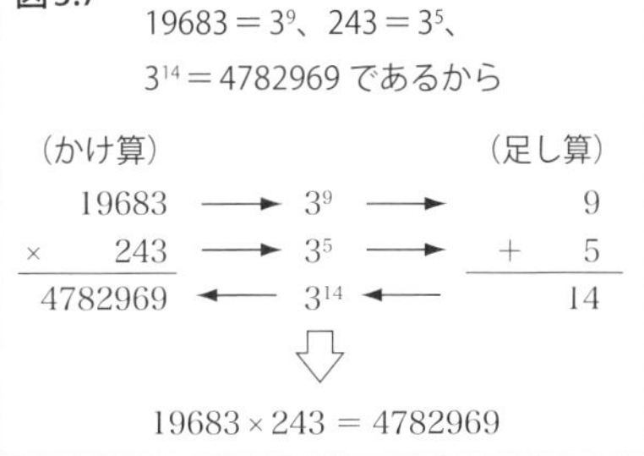

という具合に「かけ算19683×243を足し算$9+5$に直す」ことができ、計算が非常にラクになる（図3.7）。
　しかし、ここでは$19683=3^p$のpが9、$243=3^p$のpが5であるとわかったから計算ができた。
　すなわち、正の数Mから$M=3^p$となる実数pを求めることが重要になる。

ここまでは p が与えられて 3^p を計算していたが、今度は M から $M=3^p$ となる p を求めることが必要になる。

● **対数を求める**

$8=2^3$、$\dfrac{1}{4}=2^{-2}$ であるが、$9=2^p$ となる p はわからない。そこで、この p を $\log_2 9$ と書き、ログ2の p と読む。

一般に、正の数 M に対して、$M=a^p$ となる指数 p を $\log_a M$ と書き、a を底とする M の**対数**という。また、この正の数 M を $\log_a M$ の**真数**という(図3.8)。

すなわち、$a>0$、$a\neq 1$、$M>0$ のとき、

この2つの式は、同じ意味の式

$$a^p = M \iff p = \log_a M$$

この2つの式を左から右へ、右から左への書換え方は、図3.9のようにするとわかりやすい。

たとえば、

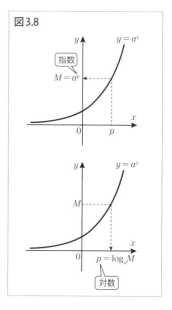

図3.8

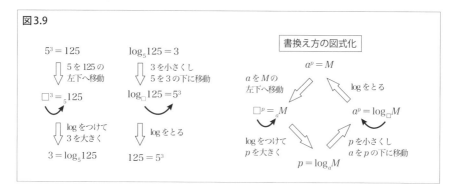

図3.9

結局、底を移動させればよいことになる。

問題3.7 次の関係を、$p = \log_a M$ の形に書け（解答150ページ）。
(1) $2^{10} = 1024$ (2) $81^{\frac{1}{4}} = 3$ (3) $10^{-2} = 0.01$

問題3.8 次の関係を、$M = a^p$ の形に書け（解答150ページ）。
(1) $\log_5 125 = 3$ (2) $\log_{10} \frac{1}{10000} = -4$ (3) $\log_2 \sqrt{8} = \frac{3}{2}$

対数は、前述のようにかけ算を足し算で計算するために、1594年頃、スコットランドのジョン・ネイピア（1550～1617年）が考えた。logもネイピアがつけた記号で、logarithmの略である。この言葉は、ギリシア語のロゴス（比）とアリスモ（数）を合わせたもので、比例する数という意味である。

当時は、ドイツのヨハネス・ケプラー（1571～1630年）が惑星の軌道を調査し、イタリアのガリレオ・ガリレイ（1564～1642年）が星に望遠鏡を向けた時代で、天文学の研究が盛んであった。天文学では非常に大きな数の計算が必要で、1つの計算に膨大な時間がかかった。しかし、この対数の発見で計算が非常にラクになり、フランスのピエール＝シモン・ラプラス（1749～1827年）が「天文学者の生命を2倍にした」と賛美したほどであった。

● 対数の性質

$a > 0$、$a \neq 1$ のとき、

$a^p = M$ を $p = \log_a M$ の M に代入すると $p = \log_a a^p$

すなわち、$\log_a a^p = p$ $\qquad$ $\log_a a^p = p$ 底が同じ $\qquad$ (3.2)

$p = \log_a M$ を $M = a^p$ の p に代入すると、

$M = a^{\log_a M}$

すなわち、$a^{\log_a M} = M$ $\qquad$ $a^{\log_a M} = M$ 底が同じ $\qquad$ (3.3)

この2つの式は利用価値があるので、覚えておこう。

(3.2)の式で、

$p = 1$ とすると、$\log_a a^1 = 1$ $\qquad$ すなわち、$\log_a a = 1$

$1 = a^0$ より、$\log_a 1 = \log_a a^0 = 0$　すなわち、$\log_a 1 = 0$ が成り立つ。まとめると、

> $a>0$、$a \neq 1$ に対して　　$\log_a 1 = 0$、　　$\log_a a = 1$

対数の値を求めよう。
(1) $\log_2 8 = \log_2 2^3 = 3$　　(2) $\log_6 \dfrac{1}{36} = \log_6 6^{-2} = -2$

　　　　　　　(3.2) $\log_a a^p = p$ より

問題3.9　次の値を求めよ(解答150ページ)。
(1) $\log_5 625$　　(2) $\log_4 \dfrac{1}{16}$　　(3) $\log_3 \sqrt[4]{27}$

対数の計算では、次の3つの基本公式が重要である。

> $M>0$、$N>0$ で、k は実数とする。
> (1) $\log_a MN = \log_a M + \log_a N$
> (2) $\log_a \dfrac{M}{N} = \log_a M - \log_a N$
> (3) $\log_a M^k = k \log_a M$

かけ算 MN が足し算 $\log_a M + \log_a N$ になる

割り算 $\dfrac{M}{N}$ が引き算 $\log_a M - \log_a N$ になる

(1)を証明しよう。
　　(3.3)より、$a^{\log_a MN} = MN$、$M = a^{\log_a M}$、$N = a^{\log_a N}$ だから、
$$a^{\log_a MN} = MN = a^{\log_a M} \cdot a^{\log_a N} = a^{\log_a M + \log_a N}$$
$$a^{\log_a MN} = a^{\log_a M + \log_a N}$$

指数法則① $a^m \times a^n = a^{m+n}$ より

よって、両辺とも底が a であるから、
$$\log_a MN = \log_a M + \log_a N$$
(2)、(3)も同じように証明できる。

問題3.10　上記の基本公式(2)と(3)を証明せよ(解答150ページ)。

基本公式を用いて、対数の計算をしよう。

公式(3) $\log_a M^k = k\log_a M$

(1) $2\log_6 2 + \log_6 9 = \log_6 2^2 + \log_6 9$
$= \log_6(2^2 \times 9)$ ← 公式(1) $\log_a MN = \log_a M + \log_a N$
$= \log_6 36 = \log_6 6^2 = 2$

(2) $\log_3 7 - \log_3 63 = \log_3 \dfrac{7}{63} = \log_3 \dfrac{1}{9} = \log_3 3^{-2} = -2$

公式(2) $\log_a \dfrac{M}{N} = \log_a M - \log_a N$

問題3.11 次の式を簡単にせよ（解答151ページ）。

(1) $\dfrac{1}{2}\log_{10} 25 + \log_{10} 200$ (2) $\log_3 \sqrt[3]{6} - \dfrac{1}{3}\log_3 2$

● 底の変換公式

対数の基本公式でわかるように、対数は底が同じでなければ計算できない。そこで、底が異なる場合は、底を変換して底を揃えてから計算する。

底がaである対数$\log_a b$をcを底とする対数に変換する公式が次の式である。これを**底の変換公式**という。

a、b、cは正の数で、$a \ne 1$、$c \ne 1$とするとき、

$$\log_a b = \dfrac{\log_c b}{\log_c a}$$

ここでcは、a、bに関係ない実数

この式を証明しよう。

$a^{\log_a b} = b$ で、cを底とする対数をとると、

(3.3)より $\log_c a^{\log_a b} = \log_c b$

基本公式(3) $\log_a M^k = k\log_a M$

したがって、$\log_a b \cdot \log_c a = \log_c b$

$a \ne 1$ より、$\log_c a \ne 0$ だから、両辺を$\log_c a$で割って、

$$\log_a b = \dfrac{\log_c b}{\log_c a}$$

底を変換して、対数の計算をしてみよう。

(1) $\log_2\sqrt{2} + \log_4 2 = \log_2\sqrt{2} + \dfrac{\log_2 2}{\log_2 4}$

$= \log_2 2^{\frac{1}{2}} + \dfrac{1}{\log_2 2^2} = \dfrac{1}{2} + \dfrac{1}{2} = 1$

底が2と4で、
$4 = 2^2$だから、
底を2に統一する

$\log_2 5$を約分する

(2) $\log_2 5 \cdot \log_5 4 = \log_2 5 \cdot \dfrac{\log_2 4}{\log_2 5} = \log_2 2^2 = 2$

底が2と5で、前の対数の真数が
5だから、底を2に統一する

ここでの計算で、(1)、(2)ともに底を2に統一したが、底は2以外の数で統一しても計算できる。ただし、計算がすこし面倒になる。そこで、cを底にして計算してみよう。

(1) $\log_2\sqrt{2} + \log_4 2 = \dfrac{\log_c \sqrt{2}}{\log_c 2} + \dfrac{\log_c 2}{\log_c 4} = \dfrac{\log_c 2^{\frac{1}{2}}}{\log_c 2} + \dfrac{\log_c 2}{\log_c 2^2}$

$= \dfrac{\frac{1}{2}\log_c 2}{\log_c 2} + \dfrac{\log_c 2}{2\log_c 2} = \dfrac{1}{2} + \dfrac{1}{2} = 1$

$\log_c 2$を約分する

(2) $\log_2 5 \cdot \log_5 4 = \dfrac{\log_c 5}{\log_c 2} \cdot \dfrac{\log_c 4}{\log_c 5} = \dfrac{\log_c 5}{\log_c 2} \cdot \dfrac{\log_c 2^2}{\log_c 5}$

$= \dfrac{\log_c 5}{\log_c 2} \cdot \dfrac{2\log_c 2}{\log_c 5} = 2$

$\log_c 2$、$\log_c 5$を約分する

問題3.12 次の式を簡単にせよ(解答151ページ)。
(1) $\log_{81} 27 - \log_9 \dfrac{1}{3}$ (2) $\log_3 7 \cdot \log_7 8 \cdot \log_8 9$

◉ 常用対数

対数の基本公式(136ページ)を導いたので、それらを使って、かけ算261×973を足し算に直して計算してみよう。そのためには、底が10の対数を考える。底が10の対数を**常用対数**という。

ネイピアが導入した対数は、この常用対数ではなかった。常用対数を考

えたのは、イギリスのヘンリー・ブリッグス(1561〜1630年)であった。ブリッグスは、ネイピアの著書『驚くべき対数規則の記述』を読み、驚嘆した。彼はネイピアの家を訪れ、そこで対数について話し合った。そのとき彼は、底を10にすべきだと提案し、ネイピアの賛同を得て常用対数の研究に着手したという。

さて、261×973を計算してみよう。

かけ算261×973を足し算に直すから、常用対数をとって、
$$\log_{10}(261 \times 973) = \log_{10} 261 + \log_{10} 973$$

次に、$\log_{10} 261$と$\log_{10} 973$を求める。

$261 = 2.61 \times 10^2$となるから、

基本公式(1)
$$\log_{10} 261 = \log_{10}(2.61 \times 10^2)$$
$$= \log_{10} 2.61 + \log_{10} 10^2 \tag{3.4}$$

$\log_{10} 2.61$の値は、常用対数表から求める。巻末の常用対数表には、1.00〜9.99までの数aを真数とする常用対数$\log_{10} a$の値を、小数第5位を四捨五入して小数第4位まで載せてある。

常用対数表の左端には、0.1間隔で1.0〜9.9までの値が示されている。この数値は、真数の1の位と小数第1位の値を示している。また、常用対数表の上端には、1間隔で0から9までの値が示されている。この数値は、真数の小数第2位の値を示している。

そこで、$\log_{10} 2.61$の値を対数表から求めるには、

① 左端の列で2.6を探し、

② その行と上端の数値が1の列が交わるところにある値を探す。ここでは、0.4166が$\log_{10} 2.61$の値である。すなわち、

$$\log_{10} 2.61 = 0.4166$$

である(図3.10)。また、$\log_{10} 10^2 = 2$だから、(3.4)に代入して、

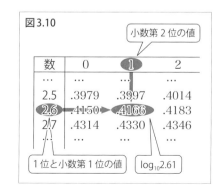

図3.10

$$\log_{10} 261 = \log_{10} 2.61 + \log_{10} 10^2$$
$$= 0.4166 + 2 = 2.4166$$

となる。ちなみに、この式は $261 = 10^{2.4166}$ を意味している。

同じように、$\log_{10} 973$ を計算しよう。

$$\log_{10} 973 = \log_{10}(9.73 \times 10^2)$$
$$= \log_{10} 9.73 + \log_{10} 10^2$$
$$= 0.9881 + 2$$
$$= 2.9881$$

となり(図3.11)、$\log_{10} 973 = 2.9881$ であることがわかる。

図3.11

数	0	1	2	③
…	…	…	…	…
9.6	…	.9827	.9832	.9836
9.7	…	.9872	.9877	.9881
9.8	…	.9917	.9921	.9926
…	…	…	…	…

以上のことから、$\log_{10}(261 \times 973)$ を計算する。

$$\log_{10}(261 \times 973) = \log_{10} 261 + \log_{10} 973$$
$$= 2.4166 + 2.9881$$
$$= 5.4047$$
$$= 0.4047 + 5$$

となる。

次に、常用対数表から対数の値が0.4047にもっとも近い真数を探すと、

$$\log_{10} 2.54 = 0.4048$$

である(図3.12)。

図3.12

数	0	1	2	3	4
…	…	…	…	…	…
2.5	.3979	.3997	.4014	.4031	.4048
2.6	.4150	.4166	.4183	.4200	.4216
2.7	.4314	.4330	.4346	.4362	.4378
…	…	…	…	…	…

そこで、

$$\log_{10}(261 \times 973) = 0.4047 + 5$$
$$= \log_{10} 2.54 + \log_{10} 10^5$$
$$= \log_{10}(2.54 \times 10^5)$$
$$= \log_{10} 254000$$

このことより、$261 \times 973 ≒ 254000$ となる。これで、かけ算が足し算で求められた。

実際に電卓で計算してみると、$261 \times 973 = 253953$ である。ここでは、小数点以下4桁の常用対数表を使っているので、近似値しか求められない。桁数の大きい対数表を使えば、より正確さが向上する。

この計算は、複雑でわかりにくいようにみえるが、図3.13のように書くとわかりやすい。

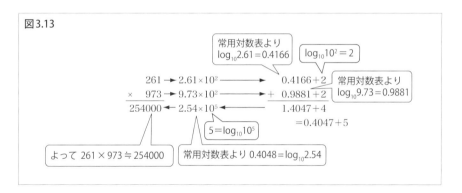

図3.13

問題3.13 次のかけ算を常用対数を利用して、概数を求めよ（解答152ページ）。
(1) 574×803 (2) 49×786

この常用対数表を初めて作成したのは、前出のブリッグスである。前述のとおり対数の発明者はネイピアであるが、彼は底が10でない対数を考えた。そのため、彼が20年かけて作成した表は、1626年に出版されたブリッグスの『対数算術』に記載された常用対数表にその座を奪われることになる。

底が10の場合は、常用対数表をみればその値がすぐに求められるが、

底が10でない場合は、底の変換で底を10に直してから、その値を求める。
たとえば、$\log_2 3$ の値は次のようになる。
$$\log_2 3 = \frac{\log_{10} 3}{\log_{10} 2} = \frac{0.4771}{0.3010} = 1.58504\cdots\cdots \fallingdotseq 1.5850$$

問題3.14 次の対数の値を求めよ（解答152ページ）。
(1) $\log_3 6$ 　　　　(2) $\log_5 3$

4 対数関数

$a>0$、$a \neq 1$ として、任意の実数 $x>0$ に対して、実数 $\log_a x$ がただ1つ定まるので、この値を y とおくと、$y=\log_a x$ は x の関数である。

この関数 $y=\log_a x$ を、a を**底**とする**対数関数**という。

◉ 対数関数のグラフ

ここでは、対数関数のグラフを描いてみよう。

(1) $y=\log_2 x$ のグラフを描く

対数関数 $y=\log_2 x$ のグラフを描くためには、$x=p$ のとき $y=\log_2 p$ を計算し、点 $(p, \log_2 p)$ を座標平面上にとる。それらの点を滑らかな曲線で結べば、グラフの概形が描ける。

たとえば、
$x=\dfrac{1}{8}$ を代入すると、
$$y = \log_2 \frac{1}{8} = \log_2 \frac{1}{2^3} = \log_2 2^{-3} = -3$$
だから、点 $\left(\dfrac{1}{8}, -3\right)$ を座標平面上にとる。

同じように、$x=\dfrac{1}{4}$、$\dfrac{1}{2}$、1、2、4、8 を代入して計算すると、$y=\log_2 x$ の値は表3.3のようになる。

表3.3

x	$\frac{1}{8}$	$\frac{1}{4}$	$\frac{1}{2}$	1	2	4	8
$\log_2 x$	-3	-2	-1	0	1	2	3

　これらの点を座標平面上にとり、滑らかな曲線で結んでいくと、図3.14(1)の太い実線になる。

(2) $y = \log_{\frac{1}{2}} x$ のグラフを描く

　ここでも、$x = p$ を代入して、$y = \log_{\frac{1}{2}} p$ の値を求めるが、$\log_{\frac{1}{2}} p$ の計算は少し面倒なので、前もって関数を変形しておく。

　底の変換公式を用いて、

$$\log_{\frac{1}{2}} x = \frac{\log_2 x}{\log_2 \frac{1}{2}} = \frac{\log_2 x}{\log_2 2^{-1}} = \frac{\log_2 x}{-1} = -\log_2 x$$

だから、$y = \log_{\frac{1}{2}} x = -\log_2 x$ となる。

$x = \frac{1}{8}$ のとき

$$y = -\log_2 \frac{1}{8} = -\log_2 2^{-3} = -(-3) = 3$$

同じように、$x = \frac{1}{4}$、$\frac{1}{2}$、1、2、4、8 を代入すると、$y = \log_{\frac{1}{2}} x$ の値は、表3.4のようになる。

表3.4

x	$\frac{1}{8}$	$\frac{1}{4}$	$\frac{1}{2}$	1	2	4	8
$\log_{\frac{1}{2}} x$	3	2	1	0	-1	-2	-3

　これらの点をとって滑らかな曲線で結んでいくと、図3.14(2)の太い実線になる。

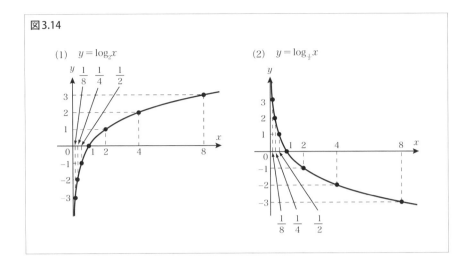

問題3.15 次の対数関数のグラフを描け（解答152ページ）。

(1) $y = \log_3 x$ (2) $y = \log_{\frac{1}{3}} x$

一般に、$a > 0$、$a \neq 1$ のとき、対数関数 $y = \log_a x$ のグラフは図3.15の太い実線になる。

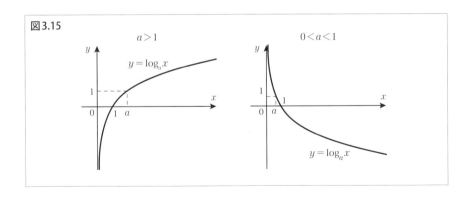

● 対数関数の性質

対数関数 $y = \log_a x$ のグラフを見ながら、対数関数の性質を調べよう。

(1) 図3.15のグラフを見ると、x の値は正の実数をとり、y の値はすべて

の実数をとる。

　すなわち、$y=\log_a x$の定義域は実数の正の部分、値域は実数全体である（図3.16）。

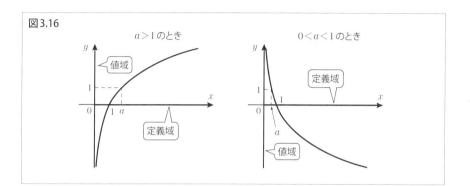
図3.16

(2) $a>1$のとき、

　　xの値が増加すると、yの値も増加する。

　$0<a<1$のとき、

　　xの値が増加すると、yの値は減少する。

　すなわち、対数関数$y=\log_a x$は、

　　$a>1$のとき、増加関数

　　$0<a<1$のとき、減少関数

となる（図3.17）。

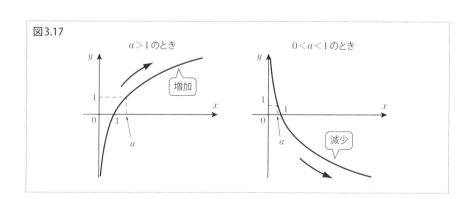
図3.17

(3) 対数関数 $y = \log_a x$ は、a の値にかかわらず $(1, 0)$ を通る。さらに、x の値が原点 0 に近づくと、グラフは限りなく y 軸に近づいていくが、y 軸と交わることはない。

y 軸は、対数関数 $y = \log_a x$ の漸近線である（図 3.18）。

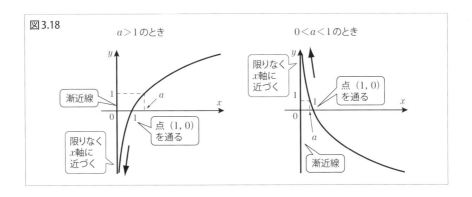

以上のことをまとめると、

$a > 0$、$a \neq 1$ のとき、対数関数 $y = \log_a x$ は次の性質をもつ（図 3.19）。
(1) 定義域は正の数全体、値域は実数全体である
(2) $a > 1$ のとき増加関数、$0 < a < 1$ のとき減少関数
(3) グラフは点 $(1, 0)$ を通り、y 軸を漸近線とする

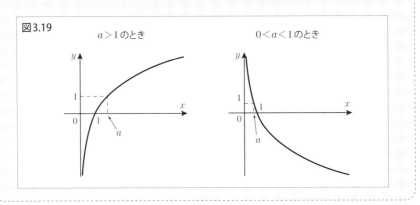

指数関数 $y = a^x$ を x について解くと、$x = \log_a y$
x と y を入れ替えて、$y = \log_a x$

すなわち、対数関数 $y = \log_a x$ は、指数関数 $y = a^x$ の逆関数（55ページ参照）である。

一般に、関数 $y = f(x)$ のグラフと逆関数 $y = f^{-1}(x)$ のグラフは、直線 $y = x$ に関して対象である（55ページ参照）から、指数関数 $y = a^x$ と対数関数 $y = \log_a x$ のグラフは、直線 $y = x$ に関して対称である（図3.20）。

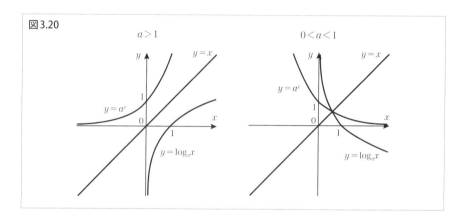

図3.20

解 答

問題3.1 $a^{-n} = \dfrac{1}{a^n}$ とすると、指数に負の数があっても指数法則が成り立つことを、$a = 2$、$b = 3$、$m = 3$、$n = -2$ で確かめてみよ。

(解答)

① $a^m \times a^n = a^{m+n}$ について、

$2^3 \times 2^{-2} = 2^3 \times \dfrac{1}{2^2} = 2$, $\qquad 2^{3+(-2)} = 2^1 = 2$

だから、$2^3 \times 2^{-2} = 2^{3+(-2)}$

② $(a^m)^n = a^{m \times n}$ について、

$(2^3)^{-2} = \dfrac{1}{(2^3)^2} = \dfrac{1}{64}$, $\qquad 2^{3 \times (-2)} = 2^{-6} = \dfrac{1}{2^6} = \dfrac{1}{64}$

だから、$(2^3)^{-2} = 2^{3 \times (-2)}$

③ $(a \times b)^n = a^n \times b^n$ について、

$(2 \times 3)^{-2} = \dfrac{1}{(2 \times 3)^2} = \dfrac{1}{36}$, $\qquad 2^{-2} \times 3^{-2} = \dfrac{1}{2^2} \times \dfrac{1}{3^2} = \dfrac{1}{36}$

だから、$(2 \times 3)^{-2} = 2^{-2} \times 3^{-2}$

問題3.2 次の数を 3^n の形で表せ。

(1) $\dfrac{1}{27}$ $\qquad$ (2) $\dfrac{1}{3}$ $\qquad$ (3) 1

(解答)

(1) $\dfrac{1}{27} = \dfrac{1}{3^3} = 3^{-3}$ $\qquad$ (2) $\dfrac{1}{3} = \dfrac{1}{3^1} = 3^{-1}$ $\qquad$ (3) $1 = 3^0$

問題3.3 次の値を求めよ。

(1) 9^0 $\qquad$ (2) 5^{-3} $\qquad$ (3) $\left(-\dfrac{1}{3}\right)^{-5}$ $\qquad$ (4) 0.2^{-4}

(解答)

(1) $9^0 = 1$

(2) $5^{-3} = \dfrac{1}{5^3} = \dfrac{1}{125}$

(3) $\left(-\dfrac{1}{3}\right)^{-5} = \dfrac{1}{\left(-\dfrac{1}{3}\right)^5} = \dfrac{1}{-\dfrac{1}{243}} = -243$

(4) $0.2^{-4} = \dfrac{1}{0.2^4} = \dfrac{1}{\left(\dfrac{2}{10}\right)^4} = \dfrac{1}{\left(\dfrac{1}{5}\right)^4} = \dfrac{1}{\dfrac{1}{625}} = 625$

問題3.4 次の式を計算せよ。

(1) $3^{-3} \times 3^{-2}$ (2) $(5^2)^{-3} \div 5^{-4}$ (3) $4^{-2} \div 8 \times 16^2$

(解答)

(1) $3^{-3} \times 3^{-2} = 3^{-3+(-2)} = 3^{-5} = \dfrac{1}{3^5} = \dfrac{1}{243}$

(2) $(5^2)^{-3} \div 5^{-4} = 5^{2\times(-3)} \div \dfrac{1}{5^{-4}} = 5^{-6} \times 5^{-(-4)} = 5^{-6+4} = 5^{-2} = \dfrac{1}{25}$

(3) $4^{-2} \div 8 \times 16^2 = (2^2)^{-2} \times \dfrac{1}{2^3} \times (2^4)^2 = 2^{-4} \times 2^{-3} \times 2^8 = 2^{-4+(-3)+8} = 2^1 = 2$

問題3.5 次の式を計算せよ。

(1) $125^{-\frac{2}{3}}$ (2) $8^{\frac{1}{2}} \times 2^{\frac{1}{6}} \div 4^{\frac{1}{3}}$ (3) $\left\{\left(\dfrac{16}{9}\right)^{-\frac{3}{4}}\right\}^{\frac{2}{3}}$

(解答)

(1) $125^{-\frac{2}{3}} = (5^3)^{-\frac{2}{3}} = 5^{3\times\left(-\frac{2}{3}\right)} = 5^{-2} = \dfrac{1}{25}$

(2) $8^{\frac{1}{2}} \times 2^{\frac{1}{6}} \div 4^{\frac{1}{3}} = (2^3)^{\frac{1}{2}} \times 2^{\frac{1}{6}} \div (2^2)^{\frac{1}{3}} = 2^{\frac{3}{2}} \times 2^{\frac{1}{6}} \times \dfrac{1}{2^{\frac{2}{3}}} = 2^{\frac{3}{2}} \times 2^{\frac{1}{6}} \times 2^{-\frac{2}{3}}$
$= 2^{\frac{3}{2}+\frac{1}{6}-\frac{2}{3}} = 2^{\frac{9+1-4}{6}} = 2$

(3) $\left\{\left(\dfrac{16}{9}\right)^{-\frac{3}{4}}\right\}^{\frac{2}{3}} = \left(\dfrac{4}{3}\right)^{2\times\left(-\frac{3}{4}\right)\times\frac{2}{3}} = \left(\dfrac{4}{3}\right)^{-1} = \dfrac{3}{4}$

問題3.6 次の指数関数のグラフを描け。

(1) $y = 3^x$ (2) $y = \left(\dfrac{1}{3}\right)^x$

(解答)

(1) $y = 3^x$

x	-3	-2	-1	0	1	2	3
3^x	$\dfrac{1}{27}$	$\dfrac{1}{9}$	$\dfrac{1}{3}$	1	3	9	27

グラフは、右の図の太い実線である。

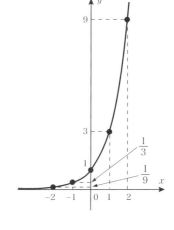

(2) $y = \left(\dfrac{1}{3}\right)^x$

x	-3	-2	-1	0	1	2	3
$\left(\dfrac{1}{3}\right)^x$	27	9	3	1	$\dfrac{1}{3}$	$\dfrac{1}{9}$	$\dfrac{1}{27}$

グラフは、右の図の太い実線である。

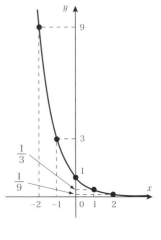

問題3.7 次の関係を、$p = \log_a M$ の形に書け。

(1) $2^{10} = 1024$ (2) $81^{\frac{1}{4}} = 3$
(3) $10^{-2} = 0.01$

（解答）
(1) $10 = \log_2 1024$ (2) $\dfrac{1}{4} = \log_{81} 3$
(3) $-2 = \log_{10} 0.01$

問題3.8 次の関係を $M = a^p$ の形に書け。

(1) $\log_5 125 = 3$ (2) $\log_{10} \dfrac{1}{10000} = -4$ (3) $\log_2 \sqrt{8} = \dfrac{3}{2}$

（解答）
(1) $125 = 5^3$ (2) $\dfrac{1}{10000} = 10^{-4}$ (3) $\sqrt{8} = 2^{\frac{3}{2}}$

問題3.9 次の値を求めよ。

(1) $\log_5 625$ (2) $\log_4 \dfrac{1}{16}$ (3) $\log_3 \sqrt[4]{27}$

（解答）
(1) $\log_5 625 = \log_5 5^4 = 4$
(2) $\log_4 \dfrac{1}{16} = \log_4 4^{-2} = -2$
(3) $\log_3 \sqrt[4]{27} = \log_3 \sqrt[4]{3^3} = \log_3 3^{\frac{3}{4}} = \dfrac{3}{4}$

問題3.10 上記の基本公式(2)と(3)を証明せよ。

（解答）
(2) $\log_a \dfrac{M}{N} = \log_a M - \log_a N$ の証明
　(3.2)より、

$a^{\log_a \frac{M}{N}} = \frac{M}{N}$、 $M = a^{\log_a M}$、 $N = a^{\log_a N}$ だから

$a^{\log_a \frac{M}{N}} = \frac{M}{N} = \frac{a^{\log_a M}}{a^{\log_a N}} = a^{\log_a M - \log_a N}$

よって $a^{\log_a \frac{M}{N}} = a^{\log_a M - \log_a N}$

両辺とも底が a であるから
$$\log_a \frac{M}{N} = \log_a M - \log_a N$$

(3) $\log_a M^k = k \log_a M$ の証明

(3.2) より、

$a^{\log_a M^k} = M^k$、 $M = a^{\log_a M}$ だから
$a^{\log_a M^k} = M^k = (a^{\log_a M})^k = a^{k \log_a M}$

よって $a^{\log_a M^k} = a^{k \log_a M}$

両辺とも底が a であるから
$$\log_a M^k = k \log_a M$$

問題3.11 次の式を簡単にせよ。

(1) $\frac{1}{2} \log_{10} 25 + \log_{10} 200$ (2) $\log_3 \sqrt[3]{6} - \frac{1}{3} \log_3 2$

(解答)

(1) $\frac{1}{2} \log_{10} 25 + \log_{10} 200 = \log_{10} (5^2)^{\frac{1}{2}} + \log_{10} 200 = \log_{10} 5 + \log_{10} 200$
$= \log_{10} (5 \times 200) = \log_{10} 1000 = \log_{10} 10^3 = 3$

(2) $\log_3 \sqrt[3]{6} - \frac{1}{3} \log_3 2 = \log_3 6^{\frac{1}{3}} - \log_3 2^{\frac{1}{3}} = \log_3 \frac{6^{\frac{1}{3}}}{2^{\frac{1}{3}}} = \log_3 \left(\frac{6}{2}\right)^{\frac{1}{3}} = \log_3 3^{\frac{1}{3}} = \frac{1}{3}$

問題3.12 次の式を簡単にせよ。

(1) $\log_{81} 27 - \log_9 \frac{1}{3}$ (2) $\log_3 7 \cdot \log_7 8 \cdot \log_8 9$

(解答)

(1) $\log_{81} 27 - \log_9 \frac{1}{3} = \frac{\log_3 27}{\log_3 81} - \frac{\log_3 \frac{1}{3}}{\log_3 9} = \frac{\log_3 3^3}{\log_3 3^4} - \frac{\log_3 3^{-1}}{\log_3 3^2}$
$= \frac{3}{4} - \frac{-1}{2} = \frac{3}{4} + \frac{2}{4} = \frac{5}{4}$

(2) $\log_3 7 \cdot \log_7 8 \cdot \log_8 9 = \log_3 7 \cdot \frac{\log_3 8}{\log_3 7} \cdot \frac{\log_3 9}{\log_3 8} = \log_3 9 = \log_3 3^2 = 2$

問題3.13 次のかけ算を常用対数を利用して、概数を求めよ。

(1) 574×803 (2) 49×786

(解答)

(1)
$$574 \longrightarrow 5.74 \times 10^2 \longrightarrow 0.7589 + 2$$
$$\times\ 803 \longrightarrow 8.03 \times 10^2 \longrightarrow +0.9047 + 2$$
$$461000 \longleftarrow 4.61 \times 10^5 \longleftarrow 1.6636 + 4 = 0.6636 + 5$$

よって、$574 \times 803 \fallingdotseq 461000$

(2)
$$49 \longrightarrow 4.9 \times 10 \longrightarrow 0.6902 + 1$$
$$\times\ 786 \longrightarrow 7.86 \times 10^2 \longrightarrow +0.8954 + 2$$
$$38500 \longleftarrow 3.85 \times 10^4 \longleftarrow 1.5856 + 3 = 0.5856 + 4$$

よって、$49 \times 786 \fallingdotseq 38500$

問題3.14 次の対数の値を、小数第5位を四捨五入して小数第4位まで求めよ。

(1) $\log_3 6$ (2) $\log_5 3$

(解答)

(1) $\log_3 6 = \dfrac{\log_{10} 6}{\log_{10} 3} = \dfrac{0.7782}{0.4771} \fallingdotseq 1.6311$

(2) $\log_5 3 = \dfrac{\log_{10} 3}{\log_{10} 5} = \dfrac{0.4771}{0.6990} \fallingdotseq 0.6825$

問題3.15 次の対数関数のグラフを描け。

(1) $y = \log_3 x$ (2) $y = \log_{\frac{1}{3}} x$

(解答)

(1) $y = \log_3 x$

x	$\dfrac{1}{27}$	$\dfrac{1}{9}$	$\dfrac{1}{3}$	1	3	9	27
$\log_3 x$	-3	-2	-1	0	1	2	3

グラフは、右の図の太い実線である。

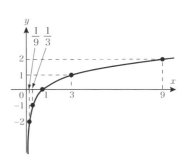

(2) $y = \log_{\frac{1}{3}} x$

x	$\frac{1}{27}$	$\frac{1}{9}$	$\frac{1}{3}$	1	3	9	27
$\log_{\frac{1}{3}} x$	3	2	1	0	-1	-2	-3

グラフは、右の図の太い実線である。

第 4 章
微　分

　この章では、オイラーの公式
$$e^{ix} = \cos x + i \sin x$$
を導き出すために必要な「微分」について、次のステップを踏んで考えていく。

本章の流れ

1. 瞬間速度を例として、$y = f(x)$ の $x = a$ における微分係数は、x と y の瞬間の変化量の割合であることを示す。そして、図形的には、曲線 $y = f(x)$ の $x = a$ における接線の傾きであることをみていく
2. $y = f(x)$ の $x = a$ における微分係数を求めるために、導関数を定義し、導関数を求めることを微分するという。そして、微分可能な関数のグラフの特徴を調べる
3. $y = x^n$ の導関数を求める。そして、微分の性質を調べ、重要な合成関数の微分法を考える
4. オイラーの公式にある $\sin x$、$\cos x$ の微分を考える
5. オイラーの公式にある e^{ix} から虚数単位 i を除いた e^x の微分を考える。$\log_a x$、a^x の導関数を求め、e^x の導関数は e^x であることを導く
6. 複数回微分して求められる導関数を高次導関数という。x^n、$\sin x$、$\cos x$ の高次導関数を求める
7. 3 次関数のグラフを描く。そして、$y = \sin x$、$y = e^x$ のグラフと同じような形の n 次関数のグラフを示す

微分というと、積分という言葉を思い出す人が多いだろう。微分と積分はよく対で考えられている。それはちょうどかけ算と割り算のように、微分と積分が互いに逆の演算だからである。

　自然現象や社会現象などのさまざまな現象は、時々刻々と変化している。これらの現象の瞬間的な変化の状態を表すのが微分である。そして、それぞれの瞬間における変化をつなぎ合わせ、全体像を明らかにし、未来を予測するのが積分なのである。そのような特徴から、微分、積分は多くの分野で利用されている。

　微分は接線を求めるために考えられ、積分は面積を求めるために考えられてきた。積分の起源は古く、紀元前3世紀のアルキメデスまでさかのぼる。

　このように微分、積分は別々に研究されてきたが、17世紀にアイザック・ニュートン(1642～1727年)とライプニッツが「微分と積分は逆の演算」であることを発見した。ニュートンは微分、積分を流率法と呼び、物理学に応用してニュートン力学を創設した。また、ライプニッツは今日使われている記号を導入し、使いやすくした。今日の微分、積分はライプニッツの流儀に従っている。

　しかし、オイラーの公式を導くためには積分は必要ないので、本書では微分についてだけを考えることにする。

1 瞬間速度と微分係数

　物体が落下するときの速度には、平均速度と瞬間速度がある。この2つの速度の考え方を一般の関数にあてはめ、微分の基本的な考え方を見ていこう。

● 瞬間速度

　物体を落とすと、速度を増しながら落下していく。そこで、2秒後の物体

の落下する速度について考えよう。

最初に、力を加えずに物体を落としてからの落下距離を測定すると、x秒後に落下する距離ymは、
$$y = 4.9x^2 \qquad (4.1)$$
であることが知られている。

（速度）＝（距離）÷（時間）だから、
（2秒後から2.1秒後までの間の速度）
$$= \frac{（落下した距離）}{（落下にかかった時間）}$$

> 2.1秒後の距離は(4.1)のxに2.1を代入
> 2秒後の距離は(4.1)のxに2を代入

$$= \frac{4.9 \times 2.1^2 - 4.9 \times 2^2}{2.1 - 2}$$
$$= 20.09 \text{m}/秒$$

> 落下にかかった時間

これは0.1秒間の平均の速度だから、**平均速度**という（図4.1）。

（2秒後から2.01秒後までの間の速度）
$$= \frac{4.9 \times 2.01^2 - 4.9 \times 2^2}{2.01 - 2}$$
$$= 19.649$$

> 0.01秒間の平均速度

（2秒後から2.001秒後までの間の速度）
$$= \frac{4.9 \times 2.001^2 - 4.9 \times 2^2}{2.001 - 2}$$
$$= 19.6049 \text{m}/秒$$

> 0.001秒間の平均速度

図4.1

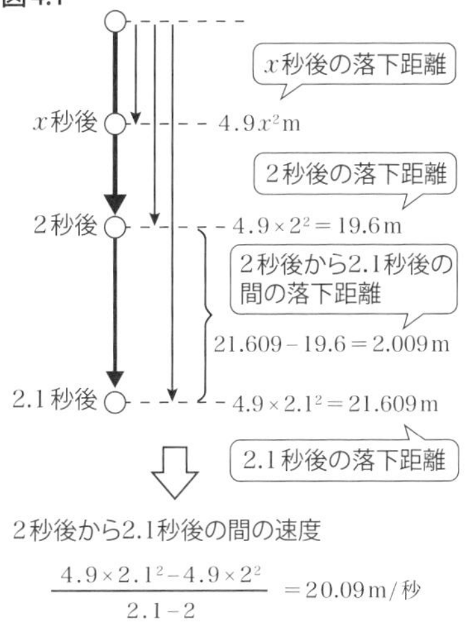

- x秒後の落下距離 …… $4.9x^2$ m
- 2秒後の落下距離 …… $4.9 \times 2^2 = 19.6$ m
- 2秒後から2.1秒後の間の落下距離 …… $21.609 - 19.6 = 2.009$ m
- 2.1秒後の落下距離 …… $4.9 \times 2.1^2 = 21.609$ m

2秒後から2.1秒後の間の速度
$$\frac{4.9 \times 2.1^2 - 4.9 \times 2^2}{2.1 - 2} = 20.09 \text{m}/秒$$

表4.1

落下時間	平均速度(m/秒)
2秒～2.1秒の間	20.09
2秒～2.01秒の間	19.649
2秒～2.001秒の間	19.6049
2秒～2.0001秒の間	19.60049
2秒～2.00001秒の間	19.600049
2秒～2.000001秒の間	19.6000049
2秒後における瞬間	19.6m/秒

このように、0.1秒間、0.01秒間、0.001秒間、……と時間間隔をどんどん狭くしていくと、表4.1のように平均速度は一定の速度19.6m/秒に近づく。この19.6m/秒が、2秒後における**瞬間速度**である。この物体は、2秒後の瞬間に19.6m/秒（時速70.56km）の速度で落下していると考えられる。

この瞬間速度の求め方が微分の考え方である。すなわち、

$\dfrac{(距離の変化量)}{(時間の変化量)}$ で、分母の(時間の変化量)を限りなく小さくすると、この「変化の割合」がある一定の数値に近づく。この数値の求め方が微分の考え方である。

◉ 瞬間速度を関数にあてはめる

ここまでで、平均速度から時間の間隔を狭くすることによって、瞬間速度を求めた。この考え方を、関数 $y=f(x)$ にあてはめてみよう。

平均速度は、$\dfrac{(距離の変化量)}{(時間の変化量)}$ であるから、これを、$\dfrac{(yの変化量)}{(xの変化量)}$ にあてはめる。

図 4.2

関数 $y=f(x)$ において、x の値が a から $a+h$ まで変化するとき、

$(xの変化量) = (a+h) - a = h$

$(yの変化量) = f(a+h) - f(a)$

であるから、

$$\dfrac{(yの変化量)}{(xの変化量)} = \dfrac{f(a+h) - f(a)}{h} \tag{4.2}$$

となる(図4.2)。これを、関数 $y=f(x)$ の $x=a$ から $x=a+h$ までの**平均変化率**という。これが、平均速度に当たる。

たとえば、関数 $f(x) = 2x^2 + 1$ の $x = -1$ から $x = 2$ までの平均変化率は、

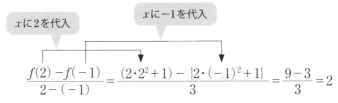

$$\dfrac{f(2) - f(-1)}{2 - (-1)} = \dfrac{(2 \cdot 2^2 + 1) - \{2 \cdot (-1)^2 + 1\}}{3} = \dfrac{9-3}{3} = 2$$

となる。

問題 4.1 次の平均変化率を求めよ(解答192ページ)。

(1) 関数 $f(x) = x^2 + 2x$ の $x = 1$ から $x = 3$ までの平均変化率

(2) 関数 $f(x) = 2x^2 + 1$ の $x = 1$ から $x = 1 + h$ までの平均変化率

さらに、関数 $f(x)$ の平均変化率(4.2)において、h を限りなく 0 に近づけるとき、平均変化率 $\dfrac{f(a+h)-f(a)}{h}$ が一定の値に限りなく近づく場合、この一定の値を関数 $f(x)$ の $x = a$ における**微分係数**または**変化率**といい、$f'(a)$ で表す。これが、瞬間速度にあたる。

このことを、

> h を限りなく 0 に近づける

$$\lim_{h \to 0} \frac{f(a+h)-f(a)}{h} = f'(a) \tag{4.3}$$

> h は限りなく 0 に近づくが、0 にはならない。分子も 0 に近づくので、その比 $\dfrac{f(a+h)-f(a)}{h}$ が限りなく一定の値 $f'(a)$ に近づく

または、

$h \to 0$ のとき $\quad \dfrac{f(a+h)-f(a)}{h} \to f'(a)$

と書く。$f'(a)$ をエフ・ダッシュ a という(英語では、f prime of a といい、ダッシュとはいわない)。

このことを、前項の落下距離を表す関数 $f(x) = 4.9x^2$ にあてはめてみよう。

$x = 2$ における瞬間速度(微分係数)は、$f'(2)$ になるから(4.3)より、

$$\begin{aligned}
f'(2) &= \lim_{h \to 0} \frac{f(2+h)-f(2)}{h} = \lim_{h \to 0} \frac{4.9(2+h)^2 - 4.9 \cdot 2^2}{h} \\
&= \lim_{h \to 0} \frac{4.9(4+4h+h^2) - 4.9 \cdot 4}{h} = \lim_{h \to 0} \frac{4.9 \cdot 4h + 4.9h^2}{h} \\
&= \lim_{h \to 0} \frac{(19.6 + 4.9h)h}{h} \\
&= \lim_{h \to 0} (19.6 + 4.9h) = 19.6 \quad \text{19.6 だけが残る}
\end{aligned}$$

> h が 0 に近づく　　$4.9h$ が 0 に近づく

この結果は、前項で求めた瞬間速度 19.6m/秒 に一致する。

問題 4.2 関数 $f(x)=x^2-2x$ の $x=2$ における微分係数 $f'(2)$ を求めよ（解答192ページ）。

● 微分係数の図形的意味

この平均変化率や微分係数は、図形で考えると何を意味しているかを見ていこう。
曲線 $y=f(x)$ 上で2点 $A(a, f(a))$、$P(a+h, f(a+h))$ を考える。2点 A、P を通る直線 AP の傾きは、図4.3において、

$$\frac{PQ}{AQ} = \frac{f(a+h)-f(a)}{(a+h)-a}$$
$$= \frac{f(a+h)-f(a)}{h}$$

であり、これは、
「$y=f(x)$ の $x=a$ から $x=a+h$ までの平均変化率」である。

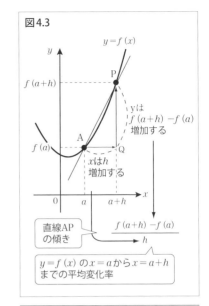

図4.3

ここで h を限りなく0に近づけると、点 P は限りなく点 A に近づく。すると直線 AP は、点 A を通る接線 m に限りなく近づき、直線 AP の傾きは接線 m の傾きに限りなく近づく（図4.4）。

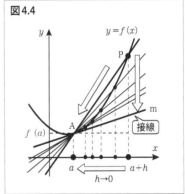

図4.4

すなわち、
$$\lim_{h\to 0}\frac{f(a+h)-f(a)}{h}=f'(a)$$
は $x=a$ における接線の傾きである（図4.5）。また、これは、
「$y=f(x)$ の $x=a$ での微分係数」
である。以上のことより、

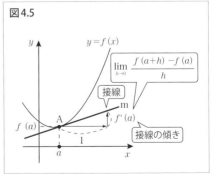

図4.5

> $x=a$ における $y=f(x)$ の微分係数は、
> $$f'(a) = \lim_{h \to 0} \frac{f(a+h) - f(a)}{h}$$
> であり、これは「$x=a$ における接線の傾き」

$y = x^2 + x$ の $x = -2$ における接線の傾きを求めよう。

$f(x) = x^2 + x$ とおくと、

$$\begin{aligned}
f'(-2) &= \lim_{h \to 0} \frac{f(-2+h) - f(-2)}{h} \\
&= \lim_{h \to 0} \frac{\{(-2+h)^2 + (-2+h)\} - \{(-2)^2 + (-2)\}}{h} \\
&= \lim_{h \to 0} \frac{\{(4 - 4h + h^2) - 2 + h\} - \{4 - 2\}}{h} \\
&= \lim_{h \to 0} \frac{-3h + h^2}{h} = \lim_{h \to 0}(-3 + h) = -3
\end{aligned}$$

したがって、$x = -2$ のおける接線の傾きは -3 である(図4.6)。

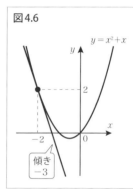

図4.6

問題4.3 $y = -x^2 + 3x$ の $x = 1$ における接線の傾きを求めよ(解答192ページ)。

2 微分とは

前項で、関数 $y = f(x)$ の $x = a$ における微分係数 $f'(a)$ は、$x = a$ における x と y の瞬間の変化の割合であり、図形的に見れば接線の傾きであることがわかった。このような変化の様子を調べることは、いろいろな現象を解明するために非常に重要な要素である。そこでここでは、微分係数の求め方を考えていこう。

● 導関数

まず、$y = x^2$ の $x = a$ における微分係数を求めよう。

$f(x) = x^2$ だから、微分係数の定義式(4.3)に代入すると、

$$f'(a) = \lim_{h \to 0} \frac{f(a+h) - f(a)}{h} = \lim_{h \to 0} \frac{(a+h)^2 - a^2}{h}$$
$$= \lim_{h \to 0} \frac{a^2 + 2ah + h^2 - a^2}{h} = \lim_{h \to 0} \frac{h(2a+h)}{h}$$
$$= \lim_{h \to 0} (2a + h) = 2a$$

h が 0 に近づき 2a が残る

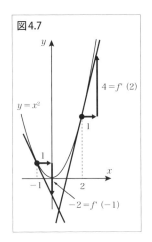

図4.7

よって、
$$f'(a) = 2a \tag{4.4}$$
となる。そこで、

$x = -1$ における微分係数 $f'(-1)$ は、(4.4)の a を -1 にして、
$$f'(-1) = 2 \cdot (-1) = -2$$
と求められる（図4.7）。同様に、

$x = 2$ における微分係数 $f'(2)$ は、(4.4)の a を 2 にして、
$$f'(2) = 2 \cdot 2 = 4$$
と求められる（図4.7）。

このように、文字 a における微分係数 $f'(a)$ を求めてから、a に具体的な数 1、2、3、……を代入すれば、具体的な微分係数 $f'(1)$、$f'(2)$、$f'(3)$、……がすぐに求められる。ここで a に値を代入するから、a は変数と考える。しかし、文字 a では変数らしくないので、文字 a を用いる代わりに変数らしい文字 x を使って、$f'(x)$ と書く。この $f'(x)$ を $f(x)$ の **導関数** という。

すなわち、導関数を次のように定義する。

$$f'(x) = \lim_{h \to 0} \frac{f(x+h) - f(x)}{h} \tag{4.5}$$

関数 $f(x)$ の導関数 $f'(x)$ を求めることを、$f(x)$ を **微分する** という。導関数の記号として $f'(x)$ ほかに、次のような記号を用いることがある。

$\{f(x)\}'$、y'、$\dfrac{dy}{dx}$（ディーワイ・ディーエックスとよむ）、$\dfrac{d}{dx} f(x)$

たとえば、$y = x^2$ について、$f(x) = x^2$ だから、導関数を次のように書く。
$$f'(x) = 2x,\ (x^2)' = 2x,\ y' = 2x,\ \frac{dy}{dx} = 2x,\ \frac{d}{dx} f(x) = 2x$$
これらはすべて同じ意味である。

● **微分可能**

しかし、微分係数が存在しなければ、導関数も定義できない。そこで、微分係数について、詳しく調べていこう。

微分係数は(4.3)より、
$$f'(a) = \lim_{h \to 0} \frac{f(a+h) - f(a)}{h}$$
である。ここで、

$\lim_{h \to 0}$ は「h が限りなく0に近づく」であった。しかし、この近づき方には、図4.8のように「h が正の数の方から0に近づく」「h が負の数の方から0に近づく」の2方向からの近づき方がある。

図4.8

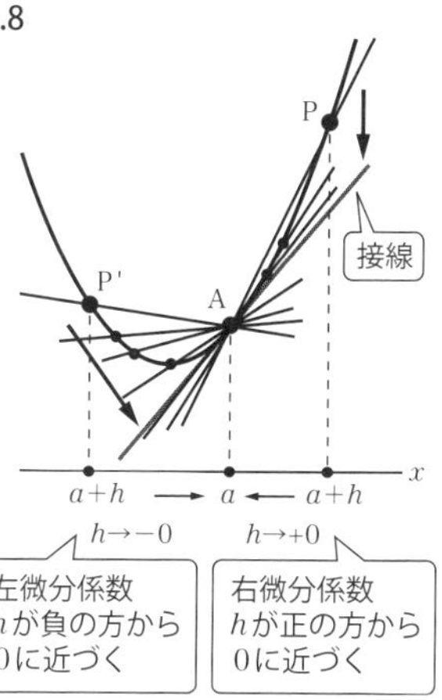

前者を**右微分係数**といい、
$$f'_+(a) = \lim_{h \to +0} \frac{f(a+h) - f(a)}{h}$$

また、後者を**左微分係数**といい、
$$f'_-(a) = \lim_{h \to -0} \frac{f(a+h) - f(a)}{h}$$

> $h \to +0$、$h \to -0$
> 0の前の+、−に注意

と書く。この右微分係数 $f'_+(a)$ と左微分係数 $f'_-(a)$ が異なると微分係数 $f'(a)$ が決まらないので、微分係数 $f'(a)$ は考えられない。

たとえば、関数 $y = |x-1|$ の $x=1$ における微分係数を考えよう。

関数 $y = |x-1|$ は、

$x-1 \geq 0$、すなわち $x \geq 1$ のとき
  $y = |x-1| = x-1$

> 絶対値(30ページ)
> $|a| = \begin{cases} a & (a \geq 0 \text{のとき}) \\ -a & (a < 0 \text{のとき}) \end{cases}$

$x-1 < 0$、すなわち $x < 1$ のとき
  $y = |x-1| = -(x-1) = -x+1$

となる。これをグラフにすると図4.9のような折れ線になる。

$x=1$ における関数 $y = |x-1|$ の右微分係数 $f'_+(1)$ は、

$$f'_+(1) = \lim_{h \to +0} \frac{|(1+h)-1|-|1-1|}{h}$$
$$= \lim_{h \to +0} \frac{|h|-0}{h}$$
$$= \lim_{h \to +0} \frac{h}{h} = 1$$

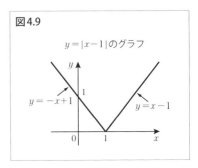

図4.9　$y=|x-1|$のグラフ

> $h>0$だから $|h|=h$

$x=1$における関数$y=|x-1|$の左微分係数$f'_-(1)$は、

$$f'_-(1) = \lim_{h \to -0} \frac{|(1+h)-1|-|1-1|}{h} = \lim_{h \to -0} \frac{|h|-0}{h}$$
$$= \lim_{h \to -0} \frac{-h}{h} = -1$$

> $h<0$だから $|h|=-h$

これらより、関数$y=|x-1|$の$x=1$における右微分係数は1、左微分係数は-1となり、一致しない（図4.10）。このため、微分係数が決まらないので、

　「$x=1$では、関数$y=|x-1|$の
　　微分係数は存在しない」。

このように、微分係数が存在しないxの値がある場合は、このような値では導関数は定義できない。すなわち、微分できない。

そこで、関数$f(x)$について、

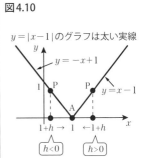

図4.10

$y=|x-1|$のグラフは太い実線

直線APの傾きは
PがAの右側から近づく場合と
左側から近づく場合とでは違う

$x=a$における微分係数$f'(a)$が存在するとき、
すなわち、右微分係数と左微分係数が等しいとき、
$x=a$で$f(x)$は**微分可能**である。

という。さらに、

> 区間 $a<x<b$ のすべての x について微分係数が存在するとき、区間 $a<x<b$ で、$f(x)$ は**微分可能**である。

という。

$y=f(x)$ が微分可能ならば、定義域内のすべての点で、右からの接線の傾きと左からの接線の傾きが等しくなり、曲線は滑らかにつながる（図4.11①）。すなわち、微分可能な関数は滑らかに変化する関数である。

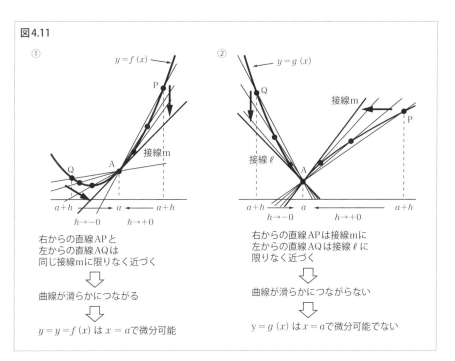

図4.11

3 微分の計算

$y=f(x)$ の x と y との瞬間の変化の割合（または接線の傾き）を示す微分

係数を求めるためには、導関数を求めることが重要である。しかし、導関数の定義ではlimがついているので、limの計算をしなければならない。この計算が面倒である。そこで、limの計算をしなくても済むように、ここでは導関数を導くいろいろな方法を調べていこう。ただし、この項で考える関数はすべて微分可能であるとする。

● x^n の微分

それでは、$y = x^3$ の導関数を求めてみよう。$f(x) = x^3$ だから、

$$(x^3)' = \lim_{h \to 0} \frac{f(x+h) - f(x)}{h} = \lim_{h \to 0} \frac{(x+h)^3 - x^3}{h}$$

$$= \lim_{h \to 0} \frac{(x^3 + 3x^2h + 3xh^2 + h^3) - x^3}{h}$$

$$= \lim_{h \to 0} \frac{h(3x^2 + 3xh + h^2)}{h}$$

$$= \lim_{h \to 0} (3x^2 + 3xh + h^2) = 3x^2$$

> $(x+h)^3 = (x+h)^2(x+h)$
> $= (x^2 + 2xh + h^2)(x+h)$
> $= x^3 + 2x^2h + xh^2 + x^2h + 2xh^2 + h^3$
> $= x^3 + 3x^2h + 3xh^2 + h^3$

> $h \to 0$ だから、$3xh + h^2 \to 0$ となり、$3x^2$ だけが残る

すなわち、$y = x^3$ の導関数は $y' = (x^3)' = 3x^2$ である。

次に、c を定数として定数関数 $y = c$ の導関数を求めよう。$f(x) = c$ だから

$$(c)' = \lim_{h \to 0} \frac{f(x+h) - f(x)}{h} = \lim_{h \to 0} \frac{c - c}{h} = \lim_{h \to 0} 0 = 0$$

関数 $y = x$ の導関数は、$f(x) = x$ だから

$$(x)' = \lim_{h \to 0} \frac{f(x+h) - f(x)}{h} = \lim_{h \to 0} \frac{(x+h) - x}{h} = \lim_{h \to 0} \frac{h}{h} = \lim_{h \to 0} 1 = 1$$

である。以上をまとめると、

$(c)' = 0$、$(x)' = 1$、$(x^2)' = 2x$（前項より）、$(x^3)' = 3x^2$

となる。

> $(x^3)' = 3x^{3-1}$

上式の3番目と4番目の式を見ると、右肩の数字が x の前に出て、右肩の数字が1減っていることがわかる。

2番目の式では、$1 = x^0$ と考えると、$(x^1)' = 1 \cdot x^0$ となり、3番目と4番目

の式と同じ規則性がある。

すなわち、一般に、自然数nについて、
$$(x^n)' = nx^{n-1} \tag{4.6}$$
が成り立ちそうである。

そこで、(4.6) が成り立つことを示そう。まず、導関数の定義式(4.5)より、$f(x) = x^n$ とおくと、
$$(x^n)' = \lim_{h \to 0} \frac{f(x+h) - f(x)}{h} = \lim_{h \to 0} \frac{(x+h)^n - x^n}{h}$$
である。ここで問題は、$(x+h)^n$ の展開式である。この展開式がどうなるかを見ていこう。

$(x+h)^n$ は、n 個の $(x+h)$ のかけ算だから、
$$(x+h)^n = \underbrace{(x+h)(x+h)(x+h) \cdots\cdots (x+h)}_{n\text{個}}$$

① まず、展開したとき、h を含まない項はどうなるか

　n 個の $(x+h)$ から、図4.12のようにx を1個ずつ取り出してかけ算するから x^n となる。

② 次に、展開したときに、h を1個だけ含む項はどうなるか

　n 個の $(x+h)$ から、1つの $(x+h)$ を選び、そこから h を1個だけ取り出す。残りの $n-1$ 個の $(x+h)$ から x を取り出してかけ算すると $x^{n-1}h$ となる。このような項が n 個あるから $nx^{n-1}h$ となる(図4.13)。

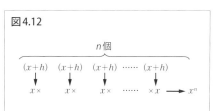

図4.12

③ そして、h を2個以上含む項はどうなるか

　n 個の $(x+h)$ から、2個以上の $(x+h)$ を選び、それらから h を1個ずつ取り出し、残り $n-2$

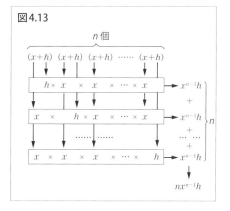

図4.13

個以下の $(x+h)$ から x を1個ずつ取り出してかけ算すると $x^{n-k}h^k$ (k は $2 \leq k \leq n$ の自然数)。

このような項は、必ず h を2個以上含むから、それらの項を足すと、h^2 がくくり出せて、$P(x)h^2$ (ここで、$P(x)$ は x についての $n-2$ 次の多項式) となる (図4.14)。

$a_n x^n + a_{n-1} x^{n-1} + \cdots\cdots + a_1 x^1 + a_0 (a_n \neq 0)$ を n 次の多項式という

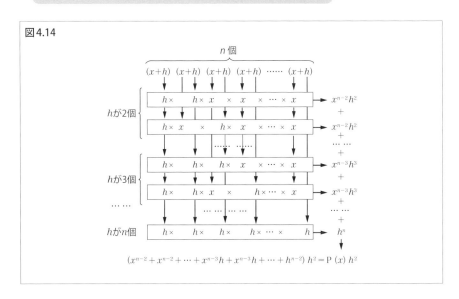

図4.14

①、②、③のことから、
$$(x+h)^n = x^n + nx^{n-1}h + P(x)h^2$$
と展開することができる。そこで、$f(x) = x^n$ だから、

$$\begin{aligned}(x^n)' &= \lim_{h \to 0} \frac{f(x+h) - f(x)}{h} = \lim_{h \to 0} \frac{(x+h)^n - x^n}{h} \\ &= \lim_{h \to 0} \frac{x^n + nx^{n-1}h + P(x)h^2 - x^n}{h} \\ &= \lim_{h \to 0} \frac{nx^{n-1}h + P(x)h^2}{h} = \lim_{h \to 0} \{nx^{n-1} + P(x)h\} = nx^{n-1}\end{aligned}$$

$h \to 0$ だから $P(x)h \to 0$

よって、(4.6)が導かれた。

以上をまとめると、

> (1) c が定数のとき　　　$(c)' = 0$
> (2) n が自然数のとき　　$(x^n)' = nx^{n-1}$　　とくに、$(x)' = 1$

それでは、微分の公式を用いて、$y = x^6$ を微分しよう。

$$y' = (x^6)' = 6x^{6-1} = 6x^5$$

$(x^n)' = nx^{n-1}$

問題 4.4　微分の公式を用いて、次の関数を微分せよ（解答 193 ページ）。
(1) $y = x^7$　　(2) $y = x$　　(3) $y = 5$

この公式を使えば、lim の計算をしなくても x^n の導関数が求められることになる。しかし、これだけではいろいろな関数の導関数を求めることができないので、さらに、導関数を求める方法を調べよう。

● **微分の性質**

微分の重要な性質である次の式が成り立つ。

> 2 つの関数 $y = f(x)$、$y = g(x)$ と実数 k について、
> (1) $\{kf(x)\}' = kf'(x)$
> (2) $\{f(x) + g(x)\}' = f'(x) + g'(x)$

(1) を証明しよう。導関数の定義式 (4.5) から、

$$\begin{aligned}
\{kf(x)\}' &= \lim_{h \to 0} \frac{kf(x+h) - kf(x)}{h} \\
&= \lim_{h \to 0} \frac{k\{f(x+h) - f(x)\}}{h} \\
&= k \lim_{h \to 0} \frac{f(x+h) - f(x)}{h} = kf'(x)
\end{aligned}$$

したがって、(1) が成り立つ。
(2) についても同じように証明できる。

問題4.5 微分の性質(2) $\{f(x)+g(x)\}'=f'(x)+g'(x)$ を証明せよ(解答193ページ)。

　微分の性質(2) $\{f(x)+g(x)\}'=f'(x)+g'(x)$ では、2個の関数についての式であるが、3個以上の関数についても同じような式が成り立つ。

　たとえば、3個の関数 $f(x)$、$g(x)$、$h(x)$ について、
　$g(x)+h(x)=\phi(x)$ とおくと、

$$\begin{aligned}\{f(x)+g(x)+h(x)\}' &= \{f(x)+\phi(x)\}' \\ &= f'(x)+\phi'(x) \\ &= f'(x)+\{g(x)+h(x)\}' \\ &= f'(x)+g'(x)+h'(x)\end{aligned}$$

したがって、$\{f(x)+g(x)+h(x)\}'=f'(x)+g'(x)+h'(x)$
が成り立つ。

　微分の性質(1)、(2)と公式 $(c)'=0$、$(x^n)'=nx^{n-1}$ を用いると、関数 $y=2x^3-3x+5$ の導関数は、

$$\begin{aligned}y' = (2x^3-3x+5)' &= (2x^3)'-(3x)'+(5)' \quad \text{←微分の性質(2)より} \\ &= 2(x^3)'-3(x)'+(5)' \quad \text{←微分の性質(1)より} \\ &= 2\cdot 3x^{3-1}-3\cdot 1+0 \quad \text{←公式}(c)'=0、(x^n)'=nx^{n-1}\text{より} \\ &= 6x^2-3\end{aligned}$$

となり、面倒な lim の計算がなくなる。

　また、関数全体の微分 $(2x^3-3x+5)'$ に対して、
各項ごとの微分 $(2x^3)'-(3x)'+(5)'$ を**項別微分**ともいう。

問題4.6　次の関数を微分せよ(解答193ページ)。
(1) $y=x^2-4x-5$ 　　(2) $y=-x^3+2x^2+5x-3$

● 合成関数の微分

　次に、ちょっと難しいが、利用価値の高い合成関数の微分を見ていこう。やはり、導関数の定義式(4.5)からスタートする。

$$\{f(g(x))\}' = \lim_{h \to 0} \frac{f(g(x+h)) - f(g(x))}{h}$$

$$= \lim_{h \to 0} \frac{f(g(x+h)) - f(g(x))}{g(x+h) - g(x)} \cdot \frac{g(x+h) - g(x)}{h}$$

$$= \lim_{h \to 0} \frac{f(g(x+h)) - f(g(x))}{g(x+h) - g(x)} \cdot \lim_{h \to 0} \frac{g(x+h) - g(x)}{h} \quad \cdots\cdots ①$$

（$g(x+h) - g(x)$で割って、かける）

ここで、$u = g(x)$、$g(x+h) - g(x) = k$とおくと、

$h \to 0$のとき$g(x+h) - g(x) \to 0$であるから$k \to 0$である。

また、$g(x+h) - g(x) = k$より$g(x+h) = g(x) + k = u + k$であるから、

$$(①の第1式) = \lim_{h \to 0} \frac{f(g(x+h)) - f(g(x))}{g(x+h) - g(x)}$$

（$g(x+h) = u+k$だから）

$$= \lim_{k \to 0} \frac{f(u+k) - f(u)}{k}$$

$$= f'(u)$$

（$h \to 0$が$k \to 0$になる）

（$g(x+h) - g(x) = k$だから）

ただし、$f'(u)$は$f(u)$をuで微分している。

$$(①の第2式) = \lim_{h \to 0} \frac{g(x+h) - g(x)}{h} = g'(x)$$

ただし、$g'(x)$は$g(x)$をxで微分している。よって、

$$\{f(g(x))\}' = \lim_{h \to 0} \frac{f(g(x+h)) - f(g(x))}{h} = f'(u)g'(x)$$
$$= f'(g(x))g'(x)$$

（外$f(u)$を微分して、中$g(x)$を微分してかける）

すなわち、次のことが成り立つ。

2つの関数$y = f(u)$、$u = g(x)$の合成関数$y = f(g(x))$に対して、
$$\{f(g(x))\}' = f'(u)g'(x) = f'(g(x))g'(x)$$
ここで、$f'(u)$は$f(u)$をuで微分している。

たとえば、$y = (2x+1)^4$を$y = u^4$と$u = 2x+1$の合成関数と考えると、
$$\{(2x+1)^4\}' = (u^4)'(2x+1)' = 4u^3 \cdot 2 = 4(2x+1)^3 \cdot 2 = 8(2x+1)^3$$
となる。

（外$f(u) = u^4$を微分）（中$u = g(x) = 2x+1$を微分）

問題4.7 次の関数を微分せよ（解答194ページ）。

(1) $y = (3x-2)^4$ 　　　　(2) $y = (3-2x)^3$

4 $\sin x$、$\cos x$ の微分

微分の準備ができたので、ここでいよいよ、$\sin x$、$\cos x$ を微分するとどうなるかを見ていこう。

● $\sin x$ の微分

まず、$y = \sin x$ を微分しよう。出発点は、やはり導関数の定義(4.5)からである。$f(x) = \sin x$ とおくと、
$$(\sin x)' = \lim_{h \to 0} \frac{f(x+h) - f(x)}{h} = \lim_{h \to 0} \frac{\sin(x+h) - \sin x}{h}$$
となるが、この分子に次の和・差から積へ直す公式（109ページ）
$\sin \alpha - \sin \beta = 2\cos \dfrac{\alpha + \beta}{2} \sin \dfrac{\alpha - \beta}{2}$ をあてはめると、

$$\sin(x+h) - \sin x = 2\cos \frac{(x+h) + x}{2} \sin \frac{(x+h) - x}{2}$$
$$= 2\cos\left(x + \frac{h}{2}\right) \sin \frac{h}{2}$$

となる。よって、

$$(\sin x)' = \lim_{h \to 0} \frac{\sin(x+h) - \sin x}{h}$$
$$= \lim_{h \to 0} \frac{2\cos\left(x + \frac{h}{2}\right) \sin \frac{h}{2}}{h}$$
$$= \lim_{h \to 0} \frac{\cos\left(x + \frac{h}{2}\right) \sin \frac{h}{2}}{\frac{h}{2}}$$

（分子）$\times \dfrac{1}{2}$
（分母）$\times \dfrac{1}{2}$

$$= \lim_{h \to 0} \cos\left(x + \frac{h}{2}\right) \cdot \frac{\sin \frac{h}{2}}{\frac{h}{2}} = \lim_{h \to 0} \cos\left(x + \frac{h}{2}\right) \cdot \lim_{h \to 0} \frac{\sin \frac{h}{2}}{\frac{h}{2}} \quad \cdots\cdots ①$$

$$（①の第1式） = \lim_{h \to 0} \cos\left(x + \frac{h}{2}\right) = \cos x \tag{4.7}$$

①の第2式では $\frac{h}{2} = \theta$ とおくと、

$h \to 0$ のとき $\frac{h}{2} \to 0$ だから、$\theta \to 0$ である。そこで、

$$（①の第2式） = \lim_{h \to 0} \frac{\sin\frac{h}{2}}{\frac{h}{2}}$$
$$= \lim_{\theta \to 0} \frac{\sin\theta}{\theta}$$

となる。

ここで、
$$\lim_{\theta \to 0} \frac{\sin\theta}{\theta} = 1 \tag{4.8}$$
が成り立つ。この式の証明は少し複雑なので、まず感覚的に (4.8) が成り立つことを見ていこう。

図4.15のように、半径1の円を考える。θ はラジアンだから弧PAの長さに等しい。

$\sin\theta$ は、線分PQの長さに等しい。

ここで、θ を0に限りなく近づけると、弧PAの長さと線分PQの長さは限りなく等しい長さに近づく。すなわち、θ と $\sin\theta$ の値は限りなく等しい値に近づく。

このことを数値で確かめると、表4.2のように θ と $\sin\theta$ は同じ値に近づく。すなわち、θ が十分小さければ、
$$\sin\theta \fallingdotseq \theta$$
が成り立つ。したがって、
$$\lim_{\theta \to 0} \frac{\sin\theta}{\theta} = 1$$

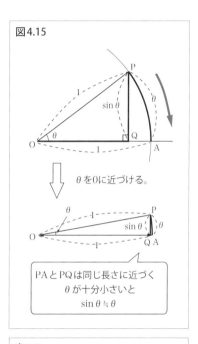

図4.15

θ を0に近づける。

PAとPQは同じ長さに近づく
θ が十分小さいと
$\sin\theta \fallingdotseq \theta$

表4.2

θ	$\sin\theta$
0.1	0.0998334166…
0.05	0.0499791692…
0.025	0.0249973959…
0.0125	0.0124996744…
0.00625	0.0062499593…
0.003125	0.0031249949…
0.0015625	0.0015624993…
0.00078125	0.0007812499…
0.000390625	0.0003906249…

同じ値に近づいていく

がいえる。

さて、(4.8)を証明しよう。

(i) $0 < x < \dfrac{\pi}{2}$ のとき、

半径1の中心角がθの扇形OABを考える。BからOAに下ろした垂線をBH、円Oにおいて点Aでの接線とOBの延長線との交点をTとする（図4.16）。

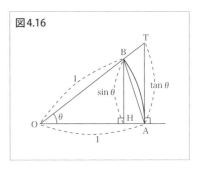

図4.16

△OAB、扇形OAB、△OATの面積を比較すると、

$$(\triangle\text{OABの面積}) < (\text{扇形OABの面積}) < (\triangle\text{OATの面積}) \quad (4.9)$$

が成り立つ（図4.17）。

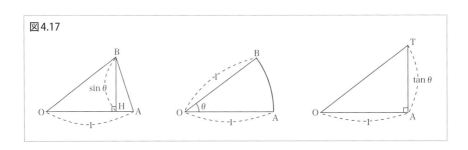

図4.17

$(\triangle\text{OABの面積}) = \dfrac{1}{2} \cdot 1 \cdot \sin\theta = \dfrac{1}{2}\sin\theta$

$(\text{扇形OABの面積}) = (\text{円の面積}) \cdot \dfrac{\theta}{2\pi}$

$\qquad\qquad\qquad = \pi \cdot 1^2 \cdot \dfrac{\theta}{2\pi} = \dfrac{\theta}{2}$

$(\triangle\text{OATの面積}) = \dfrac{1}{2} \cdot 1 \cdot \tan\theta = \dfrac{1}{2}\tan\theta$

円の面積 $\pi r^2 \times \dfrac{\theta}{2\pi} = $ 扇形の面積

(4.9)に代入して　$\dfrac{1}{2}\sin\theta < \dfrac{\theta}{2} < \dfrac{1}{2}\tan\theta$

各辺に2をかけて、$\sin\theta < \theta < \tan\theta$

$\tan\theta = \dfrac{\sin\theta}{\cos\theta}$ だから、$\sin\theta < \theta < \dfrac{\sin\theta}{\cos\theta}$ 　　　(4.10)

$0 < \theta < \dfrac{\pi}{2}$ より、$\sin\theta > 0$ であるので、

(4.10)の各辺を正の数$\sin\theta$で割ると、
$$1 < \frac{\theta}{\sin\theta} < \frac{1}{\cos\theta}$$

各辺の逆数をとると、$1 > \dfrac{\sin\theta}{\theta} > \cos\theta$

> $a\cdot b=1$のとき、bをaの逆数というから、$\dfrac{m}{n}$の逆数は$\dfrac{n}{m}$
>
> $2<3$で逆数をとると、$\dfrac{1}{2} > \dfrac{1}{3}$と不等号の向きが変わる

したがって、$\cos\theta < \dfrac{\sin\theta}{\theta} < 1$

ここで、$\theta \to +0$にすると、$\cos\theta \to 1$だから、
$$1 \leqq \lim_{\theta \to +0} \frac{\sin\theta}{\theta} \leqq 1$$

したがって、$\displaystyle\lim_{\theta \to +0} \frac{\sin\theta}{\theta}$は、1以上1以下の値だから、
$$\lim_{\theta \to +0} \frac{\sin\theta}{\theta} = 1$$

(ii) $-\dfrac{\pi}{2} < \theta < 0$のとき、

$t = -\theta$とおくと、$\theta \to -0$のとき$t \to +0$だから、
$$\lim_{\theta \to -0} \frac{\sin\theta}{\theta} = \lim_{t \to +0} \frac{\sin(-t)}{(-t)} = \lim_{t \to +0} \frac{-\sin t}{-t} = \lim_{t \to +0} \frac{\sin t}{t} = 1$$

> $\sin(-\alpha) = -\sin\alpha$だから(103ページ)
>
> (i)より

よって、$\displaystyle\lim_{\theta \to -0} \frac{\sin\theta}{\theta} = 1$

以上(i)、(ii)より、θが正の数から0に近づいても、θが負の数から0に近づいても、ともに1になるから、(4.8)の式が示された。

そこで、①の第2式に戻ると、
$$(\text{①の第2式}) = \lim_{h \to 0} \frac{\sin\dfrac{h}{2}}{\dfrac{h}{2}} = \lim_{\theta \to 0} \frac{\sin\theta}{\theta} = 1 \tag{4.11}$$

したがって、①に(4.7)と(4.11)を代入して、

$$(\sin x)' = \lim_{h \to 0} \cos\left(x + \frac{h}{2}\right) \cdot \lim_{h \to 0} \frac{\sin\dfrac{h}{2}}{\dfrac{h}{2}} = \cos x \cdot 1 = \cos x$$

これで、$(\sin x)' = \cos x$がいえた。

● $\cos x$の微分

次に、$y = \cos x$の導関数を、$\sin x$の微分を利用して求めよう。

三角関数の性質（103ページ）$\sin(\theta + \frac{\pi}{2}) = \cos\theta$ より、

$$y = \cos x = \sin\left(x + \frac{\pi}{2}\right) \tag{4.12}$$

となる。

関数(4.12)を $y = \sin u$ と $u = x + \frac{\pi}{2}$ との合成関数として微分する（171ページ）と、

$$(\cos x)' = \left\{\sin\left(x + \frac{\pi}{2}\right)\right\}' = (\sin u)' \underset{x\text{で微分}}{\left(x + \frac{\pi}{2}\right)'}$$
$$= \cos u \cdot (1 + 0)$$
$$= \cos\left(x + \frac{\pi}{2}\right)$$
$$= -\sin x$$

（uで微分）

三角関数の性質 $\cos\left(\theta + \frac{\pi}{2}\right) = -\sin\theta$ を用いる

以上より、$(\cos x)' = -\sin x$ となる。

これで、$\sin x$、$\cos x$ の微分がわかった。これらのことから、三角関数の微分は次のようになる。

$$(\sin x)' = \cos x \qquad (\cos x)' = -\sin x$$

たとえば、関数 $y = \sin(2x + 3)$ を微分してみよう。

$u = 2x + 3$ とおき、$y = \sin(2x + 3)$ を $y = \sin u$ と $u = 2x + 3$ の合成関数とする。合成関数の微分により、

$$y' = \{\sin(2x + 3)\}' = \{\sin u\}' (2x + 3)' = \cos u \cdot 2 = 2\cos(2x + 3)$$

よって、$y' = 2\cos(2x + 3)$

問題4.8 次の関数を微分せよ（解答194ページ）。

(1) $y = \sin x^2$ 　　　　(2) $y = \cos^2 x$

$y=\log_a x$、$y=a^x$ の微分

次に、オイラーの公式の左辺にある指数関数の微分を考える。そのために、まず対数関数の導関数を求めてから、これを利用して指数関数の導関数を求める。このときにネイピア数が出現した。

◉ 対数関数の微分

対数関数の導関数を求める過程で、ネイピア数eが現れる。それでは、ネイピア数がどのように現れるかを見ていこう。

ここでも、導関数の定義(4.5)より、

$$(\log_a x)' = \lim_{h \to 0} \frac{\log_a(x+h) - \log_a x}{h} = \lim_{h \to 0} \frac{1}{h}\{\log_a(x+h) - \log_a x\}$$

$$= \lim_{h \to 0} \frac{1}{h} \log_a \frac{x+h}{x}$$

対数の基本公式 $\log_a M - \log_a N = \log_a \frac{M}{N}$ より

$$= \lim_{h \to 0} \frac{1}{h} \log_a \left(1 + \frac{h}{x}\right)$$

分母分子にxをかける

$$= \lim_{h \to 0} \frac{1}{x} \cdot \frac{x}{h} \log_a \left(1 + \frac{h}{x}\right)$$

$$= \frac{1}{x} \lim_{h \to 0} \log_a \left(1 + \frac{h}{x}\right)^{\frac{x}{h}}$$

対数の基本公式 $k \log_a M = \log_a M^k$ より

$$= \frac{1}{x} \log_a \left\{\lim_{h \to 0} \left(1 + \frac{h}{x}\right)^{\frac{x}{h}}\right\}$$

対数関数は連続だから、$\lim_{h \to 0}$は $\log_a(\ \ )$のカッコの中に入れる

ここで、$\lim_{h \to 0}\left(1 + \frac{h}{x}\right)^{\frac{x}{h}}$の値を求めよう。

$\frac{h}{x} = k$とおくと、

$$h \to 0 \text{のとき} \quad \frac{h}{x} \to 0 \quad \text{だから} \quad k \to 0$$

$\frac{x}{h} = \frac{1}{\frac{h}{x}} = \frac{1}{k}$

となる。また、$\frac{x}{h} = \frac{1}{k}$であるから、

$$(\log_a x)' = \frac{1}{x} \log_a \left\{\lim_{h \to 0}\left(1 + \frac{h}{x}\right)^{\frac{x}{h}}\right\} = \frac{1}{x}\{\log_a \lim_{k \to 0}(1+k)^{\frac{1}{k}}\}$$

となるので、$\lim_{k \to 0}(1+k)^{\frac{1}{k}}$の値を調べると、表4.3のように、ある一定の数に近づく。その数をeとおく(ここでネイピア数が現れる!)。

表4.3

kの値	$(1+k)^{\frac{1}{k}}$
0.1	2.5937424601…
0.01	2.7048138294…
0.001	2.7169239322…
0.0001	2.7181459268…
0.00001	2.7182682371…
0.000001	2.718280469…
0.0000001	2.7182816941…
0.00000001	2.7182817983…
↓	↓
0	2.7182818284…

kの値	$(1+k)^{\frac{1}{k}}$
−0.1	2.8679719907…
−0.01	2.7319990264…
−0.001	2.7196422164…
−0.0001	2.718417755…
−0.00001	2.7182954199…
−0.000001	2.7182831876…
−0.0000001	2.7182819629…
−0.00000001	2.7182818557…
↓	↓
0	2.7182818284…

eは無理数で、その値は、

> 鮒、一鉢二鉢、一鉢二鉢 と覚える

$$e = \lim_{k \to 0}(1+k)^{\frac{1}{k}} = 2.7182818284 \cdots \cdots \tag{4.13}$$

となる。したがって、

$$(\log_a x)' = \frac{1}{x}\log_a\left\{\lim_{h \to 0}\left(1+\frac{h}{x}\right)^{\frac{x}{h}}\right\} = \frac{1}{x}\log_a\{\lim_{k \to 0}(1+k)^{\frac{1}{k}}\}$$

$$= \frac{1}{x}\log_a e = \frac{1}{x} \cdot \frac{1}{\log_e a} = \frac{1}{x\log_e a}$$

> 底の変換公式より $\log_a e = \dfrac{\log_e e}{\log_e a} = \dfrac{1}{\log_e a}$

すなわち、

$$(\log_a x)' = \frac{1}{x\log_e a}$$

とくに、aをeにすれば、

> $\log_e e = 1$ より

$$(\log_e x)' = \frac{1}{x\log_e e} = \frac{1}{x}$$

eを底とする対数$\log_e x$を**自然対数**といい、底eを省略して$\log x$または$\ln x$と書く。ln は logarithmus naturalis (自然対数のラテン語) の略である。そして、eのことを**自然対数の底**、または**ネイピア数**という。

以上のことから、対数関数の微分は、

$$(\log_a x)' = \frac{1}{x \log a}, \quad (\log x)' = \frac{1}{x}$$

自然対数だから底eを省略している

それでは、(1) $y = \log_2 3x$　(2) $y = \log x^2$ を微分しよう。

(1) $u = 3x$ とおいて、$y = \log_2 3x$ を $y = \log_2 u$ と $u = 3x$ の合成関数として、
$$y' = (\log_2 3x)' = (\log_2 u)'(3x)' = \frac{1}{u \log 2} \cdot 3 = \frac{3}{3x \log 2} = \frac{1}{x \log 2}$$

(2) $u = x^2$ とおいて、$y = \log x^2$ を $y = \log u$ と $u = x^2$ の合成関数として、
$$y' = (\log x^2)' = (\log u)'(x^2)' = \frac{1}{u} \cdot 2x = \frac{1}{x^2} \cdot 2x = \frac{2}{x}$$

問題4.9 次の関数を微分せよ（解答194ページ）。
(1) $y = \log_3(2x + 3)$　　　　(2) $y = (\log x)^2$

(4.13)から無理数2.7182818284……を発見し、この数をeと名付けたのはオイラーである（ヨーロッパでは、eをオイラー数とよぶこともある）。では、eをネイピア数というのはなぜだろうか。それは、ネイピアの対数の底が、$\frac{1}{e}$ に近い値であったからだと思われる。このことを示そう。

当時は小数や指数が確立されておらず、三角比の表も7ケタの整数で表されていた（ヨーロッパでは10ケタの表が出回っていたが、ネイピアは7ケタの表を用いた）。その中で、ネイピアは三角比の値どうしの数値計算の効率を上げるために、対数を考えた。ネイピアの対数を現代風に書くと、

「$x = 10^7(1 - 10^{-7})^y$ のとき、y は x の対数」

となる。しかしこの式では、底がどのような数かがわかりにくい。そもそも、ネイピアは底という概念を持っていなかった。

そこで底を求めるために、この式を $M = a^p$ の形に変形しよう。

右辺の 10^7 がジャマなので、$x = 10^7(1 - 10^{-7})^y$ の両辺を 10^7 で割って、

$$\frac{x}{10^7} = (1 - 10^{-7})^y$$

y を $\dfrac{x}{10^7}$ に合わせるために、次のように変形する。

$$\dfrac{x}{10^7} = \{(1-10^{-7})^{10^7 \times \frac{1}{10^7}}\}^y$$

$$\dfrac{x}{10^7} = \{(1-10^{-7})^{10^7}\}^{\frac{y}{10^7}} \tag{4.14}$$

これで、$M = a^p$ の形に変形できたので、ネイピアの対数の底は $(1-10^{-7})^{10^7}$ であることがわかる。

そこで、$(1-10^{-7})^{10^7}$ と $\dfrac{1}{e}$ を計算すると、

$$(1-10^{-7})^{10^7} = 0.367879422\cdots\cdots$$

$$\dfrac{1}{e} = \dfrac{1}{2.7182818284\cdots\cdots} = 0.3678794411\cdots\cdots$$

となる。小数第7位まで一致するので、ほぼ等しい考えられる。

すなわち、

$$(1-10^{-7})^{10^7} \fallingdotseq \dfrac{1}{e} \tag{4.15}$$

であることがわかる。

また、(4.15)の関係式は、次のようにして(4.13)より導くことができる。

ネイピア数 e は、k が十分小さい数であれば、(4.13)より、

$$(1+k)^{\frac{1}{k}} \fallingdotseq e$$

であるから、

$$\dfrac{1}{e} \fallingdotseq \dfrac{1}{(1+k)^{\frac{1}{k}}} = (1+k)^{-\frac{1}{k}}$$

10^{-7} は十分に小さい数であるから $k = -10^{-7}$ とおくと、

$$\dfrac{1}{e} \fallingdotseq (1-10^{-7})^{-\frac{1}{-10^{-7}}} = (1-10^{-7})^{10^7}$$

となり、(4.15)が導かれる。

$$-\dfrac{1}{-10^{-7}} = \dfrac{1}{10^{-7}} = 10^{-(-7)} = 10^7$$

◉ 指数関数の微分

それでは、指数関数の導関数を求めよう。

$a^x > 0$ であるから、$y = a^x$ の両辺の自然対数をとると、

$$\log y = \log a^x$$

である。対数の基本公式(3) $\log_a M^k = k \log_a M$ より、

$$\log y = x \log a \tag{4.16}$$

この両辺を、以下のように x で微分する。

① (4.16) の左辺を $v = \log y$ とおき、y は x の関数だから、$y = f(x)$ とおくと、関数 v は $v = \log y$ と $y = f(x)$ の合成関数になる。v の微分は、まず $\log y$ を y で微分して、y を x で微分する。

$$v' = (\log y)' \{f(x)\}' = \frac{1}{y} \cdot f'(x) = \frac{1}{y} \cdot y' = \frac{y'}{y}$$

　　　　　　y で微分　　x で微分　　　　　　　　$y = f(x)$ だから $y' = f'(x)$

② (4.16) の右辺を $v = x \log a$ とおくと、$\log a$ は定数だから、$v = x \log a$ は x の1次関数である。

$$v' = (x \log a)' = (x)' \log a = 1 \cdot \log a = \log a$$

結局、(4.16) の両辺を x で微分すると、①、② より

$$\frac{y'}{y} = \log a$$

両辺に y をかけて、　　　　　$y' = y \log a$

$y = a^x$ だから、　　　　　　$y' = a^x \log a$

したがって、　　　　　　　　$(a^x)' = a^x \log a$

とくに、$a = e$ であるとき、$\log e = 1$ であるから、

$$(e^x)' = e^x$$

つまり、指数関数 $y = e^x$ は、微分しても変わらない関数である。
以上より、指数関数の微分は、

$$(a^x)' = a^x \log a, \qquad (e^x)' = e^x$$

(1) $y = 5^{2x}$　　(2) $y = e^{3x-1}$ を微分しよう。

(1) $u = 2x$ とおいて、$y = 5^{2x}$ を $y = 5^u$ と $u = 2x$ の合成関数として、
$$y' = (5^{2x})' = (5^u)'(2x)' = 5^u \log 5 \cdot 2 = 5^{2x} \log 5 \cdot 2 = 2 \cdot 5^{2x} \log 5$$

(2) $u = 3x - 1$ とおいて、$y = e^{3x-1}$ を $y = e^u$ と $u = 3x - 1$ の合成関数として、
$$y' = (e^{3x-1})' = (e^u)'(3x-1)' = e^u \cdot 3 = e^{3x-1} \cdot 3 = 3e^{3x-1}$$

問題 4.10　次の関数を微分せよ (解答195ページ)。

(1) $y = 4^{-x}$　　　　　　　　(2) $y = e^{x^2}$

6 高次導関数

今まで、微分可能な関数 $y=f(x)$ を微分して導関数 $y'=f'(x)$ を求めた。これを**第1次導関数**といい、$y^{(1)}=f^{(1)}(x)$ とも書く。

導関数 $f'(x)$ も微分可能な関数ならば、さらに微分することができる。それを $f(x)$ の**第2次導関数**といい、$y''=f''(x)$ または $y^{(2)}=f^{(2)}(x)$ と書く。

第2次導関数 $f''(x)$ が微分可能な関数ならば、$f''(x)$ を微分して得られる関数を $f(x)$ の**第3次導関数**といい、$y'''=f'''(x)$ または $y^{(3)}=f^{(3)}(x)$ と書く。

このように、導関数が微分可能ならば、何回でも微分することができる(図4.18)。

n を自然数として、一般に n 回微分して得られる関数を、$f(x)$ の**第n次導関数**といい、$y^{(n)}$、$f^{(n)}(x)$ などと表す。また、$y^{(0)}$、$f^{(0)}(x)$ で、それぞれ y, $f(x)$ を表すこともある。

第2次以上の導関数をまとめて、**高次導関数**という。

図4.18

$y=f(x)$
  ⇩ 微分可能
$y'=f'(x)$ ・・・第1次導関数
  ⇩ 微分可能
$y''=f''(x)$ ・・・第2次導関数
  ⇩ 微分可能
$y'''=f'''(x)$ ・・・第3次導関数
  ⇩ 微分可能
・・・・・・・
  ⇩ 微分可能
$y^{(n)}=f^{(n)}(x)$ ・・・第n次導関数
  ⇩ 微分可能
・・・・・・・

◉ $y=x^n$ を続けて微分する

たとえば、$y=x^4$ という関数は、

$y^{(1)} = (x^4)' = 4x^{4-1} = 4x^3$、

$y^{(2)} = (4x^3)' = 4(x^3)' = 4 \times 3x^{3-1} = 4 \times 3x^2$

$y^{(3)} = (4 \times 3x^2)' = 4 \times 3(x^2)' = 4 \times 3 \times 2x^{2-1} = 4 \times 3 \times 2x$

$y^{(4)} = (4 \times 3 \times 2x)' = 4 \times 3 \times 2(x)' = 4 \times 3 \times 2 \times 1$

このように、x^4 は、1回微分するごとに x の次数(x の右肩に乗っている

数4をxの**次数**という)が1つずつ下がっていき、4回微分するとxが消えてしまい、$y^{(4)} = 4 \times 3 \times 2 \times 1$になる。

ここで、$4 \times 3 \times 2 \times 1$と書くと式が長くなるので、$4 \times 3 \times 2 \times 1$のことを$4!$と書き、4の**階乗**という(図4.19)。

この書き方を使うと、$y^{(4)} = 4!$となる。

一般に、自然数nについて、
$$n! = n(n-1)(n-2) \cdots \cdots 3 \cdot 2 \cdot 1$$
と定義し、$0! = 1$とする。

$n!$は、自然数nが大きくなるにしたがってびっくりするほど速く大きくなるので、記号!が使われたともいう。

これらのことから、

$y = x^n$のn次導関数は、$y^{(n)} = (x^n)^{(n)} = n!$

図4.19

$1! = 1$
$2! = 2$
$3! = 6$
$4! = 24$
$5! = 120$
$6! = 720$
$7! = 5040$
$8! = 40320$
$9! = 362880$
$10! = 3628800$

◉ $y = \sin x$を続けて微分する

次に、$y = \sin x$をどんどん微分していこう。

$y^{(1)} = \cos x$
$y^{(2)} = (\cos x)' = -\sin x$
$y^{(3)} = (-\sin x)' = -(\sin x)' = -\cos x$
$y^{(4)} = (-\cos x)' = -(\cos x)'$
　　　$= -(-\sin x) = \sin x$

となり、$\sin x$は4回微分すると元に戻る(図4.20)。

図4.20

◉ $y = \cos x$を続けて微分する

次に、$y = \cos x$を微分していくとどうなるか。

$y^{(1)} = -\sin x$
$y^{(2)} = (-\sin x)' = -\cos x$

$$y^{(3)} = (-\cos x)' = -(\cos x)' = -(-\sin x) = \sin x$$
$$y^{(4)} = (\sin x)' = \cos x$$

となり、$\cos x$ も4回微分すると元に戻る。

この4回で元に戻るのは $\sin x$、$\cos x$ の重要な性質である。

7. n 次関数のグラフ

第1章で、定数関数、1次関数、2次関数のグラフを描いた。そこでここでは、微分を利用して3次以上の関数のグラフを描くことにしよう。関数のグラフは、増加・減少を繰り返すことが多いので、まず関数の増加・減少について調べていこう。

◉ **関数の増減**

はじめに、「関数が単調に増加する」「関数が単調に減少する」とはどのようものか明確にしよう。

> $a<x<b$ などのように、x のとりうる実数の範囲を**区間**という

区間 $a<x<b$ の任意の値 u、v に対して、

(1)「$u<v$ ならば $f(u)<f(v)$」が成り立つとき、

$f(x)$ は、区間 $a<x<b$ で**単調に増加**

するという。

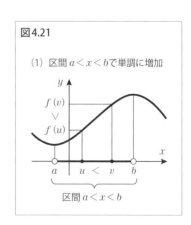

図4.21

(1) 区間 $a<x<b$ で単調に増加

この単調に増加というのは、図4.21のように、区間 $a<x<b$ で常に y が同じ値をとらず、常に増加しているということである。図4.22のように、区間 $a<x<b$ に同じ y の値がある場合は単調に増加するとはいわない。

(2)「$u<v$ ならば $f(u)>f(v)$」が成り立つとき、

$f(x)$ は区間 $a<x<b$ で単調に減少するという(図4.23)。

さて、これまでに、次のことを見てきた。

『関数 $y=f(x)$ を微分して、導関数 $y'=f'(x)$ を求め、この導関数に a を代入した値 $f'(a)$ は、$y=f(x)$ の $x=a$ における接線の傾きを表している』

そこで、接線の傾きを利用して、関数の増加減少を調べよう(図4.24)。

(1) $f'(a)>0$ ならば、

$x=a$ での接線の傾きが正であるから、$y=f(x)$ は、$x=a$ の近くで単調に増加する。

(2) $f'(a)=0$ ならば、

$x=a$ での接線の傾きが0であるから、$y=f(x)$ は、$x=a$ で接線が x 軸に平行になる。

(3) $f'(a)<0$ ならば、

$x=a$ での接線の傾きが負であるから、$y=f(x)$ は、$x=a$ の近くで単調に減少する。

という。まとめると、

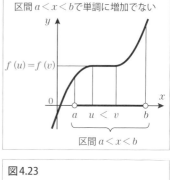

図4.22 区間 $a<x<b$ で単調に増加でない

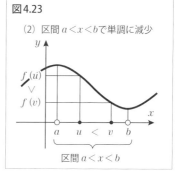

図4.23 (2) 区間 $a<x<b$ で単調に減少

図4.24

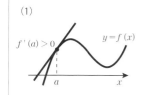
(1)

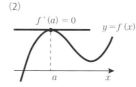
(2)

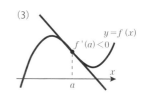
(3)

> 関数 $y=f(x)$ は、
> (1) $f'(x)>0$ となる x の区間で単調に増加
> (2) $f'(x)=0$ となる x の区間で定数
> (3) $f'(x)<0$ となる x の区間で単調に減少

たとえば、3次関数 $y=x^3-3x$ の増加・減少を次の手順で調べよう。

① 接線の傾きを求めるために、

$y=x^3-3x$ を微分してから、因数分解する。

$$y'=3x^2-3=3(x^2-1)=3(x+1)(x-1)$$

公式 $a^2-b^2=(a+b)(a-b)$ を用いる

② 増加から減少、減少から増加に変わる境目では接線の傾きが0になるから、$y'=0$ なる x を求める

$y'=0$ より、 $3(x+1)(x-1)=0$ $x=-1$、1

③ 増加・減少を表す表を書く(表4.4)。この表を**増減表**という。

表4.4

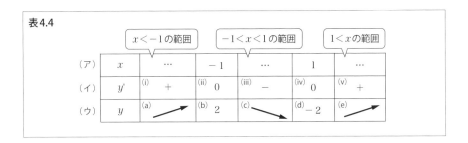

この表は次のように書く。

(ア) x の行

$x<-1$ などを書くのは面倒なので…と書く

…と $y'=0$ となる x の値 -1、1を左から1つおきに書く

(イ) y' の行

(i) $x<-1$ のとき、$x+1<0$、$x-1<0$ だから、
$$y'=3(x+1)(x-1)>0$$

そこで、表の(i)の欄に+を書く

(ii) $x=-1$ のとき、$y'=3(-1+1)(-1-1)=0$ だから、
表の(ii)の欄に0を書く

(iii) $-1<x<1$ のとき、$x+1>0$、$x-1<0$ だから、
$$y'=3(x+1)(x-1)<0$$
そこで、表の(iii)の欄に−を書く

(iv) $x=1$ のとき、$y'=3(1+1)(1-1)=0$ だから、
表の(iv)の欄に0を書く

(v) $1<x$ のとき、$x+1>0$、$x-1>0$ だから、
$$y'=3(x+1)(x-1)>0$$
そこで、表の(v)の欄に+を書く

(ウ) y の行

(a) $x<-1$ のとき

$y'>0$ であるから $y=x^3-3x$ は単調に増加する。そこで、表の(a)の欄に右上がりの矢印 ↗ を書く

(b) $x=-1$ のとき

$y=(-1)^3-3(-1)=2$ から、表の(b)の欄に2を書く

(c) $-1<x<1$ のとき

$y'<0$ であるから、$y=x^3-3x$ は単調に減少する。そこで、表の(c)の欄に右下がりの矢印 ↘ を書く

(d) $x=1$ のとき

$y=1^3-3\cdot 1=-2$ から、表の(d)の欄に−2を書く

(e) $1<x$ のとき

$y'>0$ であるから $y=x^3-3x$ は単調に増加する。そこで、表の(e)の欄に右上がりの矢印 ↗ を書く

したがって、$y=x^3-3x$ の増加・減少は表4.4のようになる。

以上より、$x\leq -1$、$1\leq x$ のとき単調に増加

$-1\leq x\leq 1$ のとき単調に減少 となる。

増減表を見ると、関数の増加・減少がひと目でわかるので重要である。

問題4.11 次の関数の増減を、増減表を書いて調べよ（解答195ページ）。

(1) $y = x^3 - 12x + 5$　　　　(2) $y = -2x^3 + 3x^2 - 1$

● 関数の極大、極小

関数 $y = f(x)$ は、x の値が増加するにしたがって、y の値は増加・減少を繰り返す。

そこで、一般に、関数 $y = f(x)$ が、

① $x = a$ で増加から減少に変わるとき、$f(x)$ は $x = a$ で**極大**であるといい、$f(a)$ を**極大値**という。

② $x = b$ で減少から増加に変わるとき、$f(x)$ は $x = b$ で**極小**であるといい、$f(b)$ を**極小値**という。

極大値と極小値をまとめて、**極値**という（図4.25）。

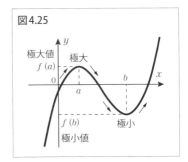

図4.25

● 3次関数のグラフ

3次関数 $y = x^3 - 3x^2 + 4$ の増減を調べ、極値を求め、その関数のグラフを描いてみよう。

まず、増減表を書く。

① 微分し、因数分解する。

$y' = 3x^2 - 6x = 3x(x - 2)$

② $y' = 0$ より、$3x(x - 2) = 0$ だから $x = 0$、2

$x = 0$ のとき　$y = 0^3 - 3 \cdot 0^2 + 4 = 4$

$x = 2$ のとき　$y = 2^3 - 3 \cdot 2^2 + 4 = 0$

よって、増減表は表4.5のようになる。

表4.5

x	$\cdots$	0	$\cdots$	2	$\cdots$
y'	+	0	−	0	+
y	↗	4	↘	0	↗

$x=0$ で 極大値 4 $x=2$ で 極小値 0

次に、増減表を見ながらグラフを描く。

③ まず、極値の点 $(0,4)$、$(2,0)$ を座標平面上にとる

④ 0、2 の近くの値 -1、1、3 を x に代入する

$x=-1$ のとき、$y=(-1)^3-3(-1)^2+4=0$

$x=1$ のとき、$y=1^3-3\cdot 1^2+4=2$

$x=3$ のとき、$y=3^3-3\cdot 3^2+4=4$

だから、点 $(-1,0)$、$(1,2)$、$(3,4)$ を座標平面上にとる

⑤ 増減表では左から増加になっているので、グラフを左下から右上がりに点 $(-1,0)$ を通るように描く

⑥ 点 $(0,4)$ まで書いたら増減表では減少になるから、グラフを右下がりに点 $(1,2)$ を通るように描く

⑦ 点 $(2,0)$ まで描いたら，右上がりに点 $(3,4)$ を通るように描く

このとき極値でグラフが尖らないように、丸めて描く（図4.26）。

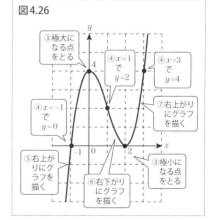

図4.26

問題4.12 次の関数の増減を調べ、極値があればその極値を求めよ。また、その関数のグラフを描け（必ず増減表を書くこと）（解答197ページ）。

(1) $y=x^3-6x^2+9x$ (2) $y=-x^3+3x^2+1$

● 4次以上の関数のグラフ

　4次以上の関数のグラフも、計算は面倒になるが、基本的に3次関数の場合と同じように、微分を用いてグラフを描くことができる。

　そして、次数を大きくしていくと、グラフはいろいろな形の曲線を描くようになる。たとえば、

(1) 9次関数 $y = \dfrac{1}{9!}x^9 - \dfrac{1}{7!}x^7 + \dfrac{1}{5!}x^5 - \dfrac{1}{3!}x^3 + x$ のグラフと $y = \sin x$ のグラフを比べると図4.27のようになる。この2つのグラフは、原点付近で似ていることがわかる。

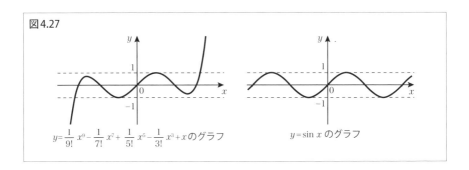

図4.27

$y = \dfrac{1}{9!}x^9 - \dfrac{1}{7!}x^7 + \dfrac{1}{5!}x^5 - \dfrac{1}{3!}x^3 + x$ のグラフ　　　$y = \sin x$ のグラフ

(2) 同じように、5次関数 $y = \dfrac{1}{5!}x^5 + \dfrac{1}{4!}x^4 + \dfrac{1}{3!}x^3 + \dfrac{1}{2!}x^2 + x + 1$ のグラフと $y = e^x$ のグラフを比べると、図4.28のようになる。この2つのグラフは、原点付近で似ていることがわかる。

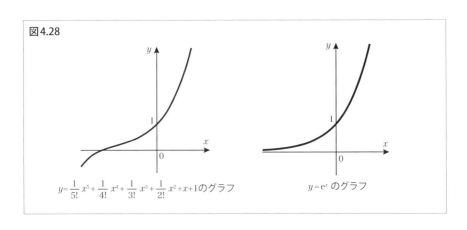

図4.28

$y = \dfrac{1}{5!}x^5 + \dfrac{1}{4!}x^4 + \dfrac{1}{3!}x^3 + \dfrac{1}{2!}x^2 + x + 1$ のグラフ　　　$y = e^x$ のグラフ

このように、n次関数の次数nを大きくしていくと、三角関数や指数関数のグラフと似た形をしたグラフを持つn次関数をつくることができると思われる。このことを次章で考えていこう。

解 答

問題4.1 次の平均変化率を求めよ。
(1) 関数 $f(x) = x^2 + 2x$ の $x=1$ から $x=3$ までの平均変化率
(2) 関数 $f(x) = 2x^2 + 1$ の $x=1$ から $x=1+h$ までの平均変化率

(解答)
(1) $\dfrac{f(3)-f(1)}{3-1} = \dfrac{(3^2+2\cdot3)-(1^2+2\cdot1)}{2} = \dfrac{15-3}{2} = 6$

(2) $\dfrac{f(1+h)-f(1)}{(1+h)-1} = \dfrac{\{2(1+h)^2+1\}-(2\cdot1^2+1)}{h}$
$= \dfrac{(2+4h+2h^2+1)-(2+1)}{h}$
$= \dfrac{4h+2h^2}{h} = 4+2h$

問題4.2 関数 $f(x) = x^2 - 2x$ の $x=2$ における微分係数 $f'(2)$ を求めよ。

(解答)
$f'(2) = \lim_{h \to 0} \dfrac{f(2+h)-f(2)}{h} = \lim_{h \to 0} \dfrac{\{(2+h)^2-2(2+h)\}-(2^2-2\cdot2)}{h}$
$= \lim_{h \to 0} \dfrac{\{(4+4h+h^2)-(4+2h)\}-(4-4)}{h} = \lim_{h \to 0} \dfrac{2h+h^2}{h}$
$= \lim_{h \to 0} (2+h) = 2$

問題4.3 $y = -x^2 + 3x$ の $x=1$ における接線の傾きを求めよ。

(解答)
$f(x) = -x^2 + 3x$ とおく。
$f'(x) = \lim_{h \to 0} \dfrac{f(1+h)-f(1)}{h}$
$= \lim_{h \to 0} \dfrac{\{-(1+h)^2+3(1+h)\}-(-1^2+3\cdot1)}{h}$
$= \lim_{h \to 0} \dfrac{\{-(1+2h+h^2)+3+3h\}-2}{h}$
$= \lim_{h \to 0} \dfrac{h-h^2}{h} = \lim_{h \to 0} (1-h) = 1$

したがって、$x=1$ における接線の傾きは 1 である。

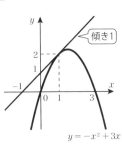

問題4.4 微分の公式を用いて、次の関数を微分せよ。

(1) $y = x^7$ (2) $y = x$ (3) $y = 5$

(解答)
(1) $y' = (x^7)' = 7x^{7-1} = 7x^6$
(2) $y' = (x^1)' = 1 \cdot x^{1-1} = x^0 = 1$
(3) $y' = (5)' = 0$

問題4.5 微分の性質(2) $\{f(x) + g(x)\}' = f'(x) + g'(x)$ を証明せよ。

(解答)
$$\begin{aligned}
\{f(x) + g(x)\}' &= \lim_{h \to 0} \frac{\{f(x+h) + g(x+h)\} - \{f(x) + g(x)\}}{h} \\
&= \lim_{h \to 0} \frac{\{f(x+h) - f(x)\} + \{g(x+h) - g(x)\}}{h} \\
&= \lim_{h \to 0} \left\{ \frac{f(x+h) - f(x)}{h} + \frac{g(x+h) - g(x)}{h} \right\} \\
&= \lim_{h \to 0} \frac{f(x+h) - f(x)}{h} + \lim_{h \to 0} \frac{g(x+h) - g(x)}{h} \\
&= f'(x) + g'(x)
\end{aligned}$$

問題4.6 次の関数を微分せよ。

(1) $y = x^2 - 4x - 5$ (2) $y = -x^3 + 2x^2 + 5x - 3$

(解答)
(1) $y' = (x^2 - 4x - 5)' = (x^2)' - (4x)' - (5)' = (x^2)' - 4(x)' - (5)'$
$\qquad = 2x^{2-1} - 4 \cdot 1 - 0 = 2x - 4$

(2) $y' = (-x^3 + 2x^2 + 5x - 3)' = (-x^3)' + (2x^2)' + (5x)' - (3)'$
$\qquad = -(x^3)' + 2(x^2)' + 5(x)' - (3)'$
$\qquad = -3x^{3-1} + 2 \cdot 2x^{2-1} + 5 \cdot 1 - 0$
$\qquad = -3x^2 + 4x + 5$

問題4.7 次の関数を微分せよ。

(1) $y = (3x-2)^4$ （2） $y = (3-2x)^3$

（解答）

(1) $y = (3x-2)^4$ を $y = u^4$ と $u = 3x-2$ の合成関数として、
$$y' = \{(3x-2)^4\}' = (u^4)' \cdot (3x-2)' = 4u^3 \cdot 3$$
$$= 4(3x-2)^3 \cdot 3 = 12(3x-2)^3$$

(2) $y = (3-2x)^3$ を $y = u^3$ と $u = 3-2x$ の合成関数として、
$$y' = \{(3-2x)^3\}' = (u^3)' \cdot (3-2x)' = 3u^2 \cdot (-2)$$
$$= 3(3-2x)^2 \cdot (-2) = -6(3-2x)^2$$

問題4.8 次の関数を微分せよ。

(1) $y = \sin x^2$ （2） $y = \cos^2 x$

（解答）

(1) $y = \sin x^2$ を $y = \sin u$ と $u = x^2$ の合成関数として、
$$y' = (\sin x^2)' = (\sin u)' \cdot (x^2)' = \cos u \cdot 2x = 2x\cos x^2$$

(2) $y = \cos^2 x$ を $y = u^2$ と $u = \cos x$ の合成関数として、
$$y' = (\cos^2 x)' = (u^2)' \cdot (\cos x)' = 2u \cdot (-\sin x)$$
$$= 2\cos x \cdot (-\sin x) = -2\sin x \cos x$$

問題4.9 次の関数を微分せよ。

(1) $y = \log_3(2x+3)$ （2） $y = (\log x)^2$

（解答）

(1) $y = \log_3(2x+3)$ を $y = \log_3 u$ と $u = 2x+3$ の合成関数として、
$$y' = \{\log_3(2x+3)\}' = (\log_3 u)' \cdot (2x+3)' = \frac{1}{u\log 3} \cdot 2 = \frac{2}{(2x+3)\log 3}$$

(2) $y = (\log x)^2$ を $y = u^2$ と $u = \log x$ の合成関数として、
$$y' = \{(\log x)^2\}' = (u^2)' \cdot (\log x)' = 2u \cdot \frac{1}{x} = 2\log x \cdot \frac{1}{x} = \frac{2\log x}{x}$$

問題 4.10 次の関数を微分せよ。

(1) $y = 4^{-x}$ (2) $y = e^{x^2}$

（解答）

(1) $y = 4^{-x}$ を $y = 4^u$ と $u = -x$ の合成関数として、
$$y' = (4^{-x})' = (4^u)'(-x)' = 4^u \log 4 \cdot (-1)$$
$$= 4^{-x} \log 4 \cdot (-1) = -4^{-x} \log 4$$

(2) $y = e^{x^2}$ を $y = e^u$ と $u = x^2$ の合成関数として、
$$y' = (e^{x^2})' = (e^u)'(x^2)' = e^u \cdot 2x = e^{x^2} \cdot 2x = 2xe^{x^2}$$

問題 4.11 次の関数の増減を、増減表を書いて調べよ。

(1) $y = x^3 - 12x + 5$ (2) $y = -2x^3 + 3x^2 - 1$

（解答）

(1) ① 微分して、因数分解する
$$y' = 3x^2 - 12 = 3(x^2 - 4) = 3(x+2)(x-2)$$

② $y' = 0$ になる x を求める

$(x+2)(x-2) = 0$ より $x = -2$、2

③ 増減表を書く

(ア) x の行に②で求めた値を書く

(イ) y' の行に y' の $+$、0、$-$ を書く

$x < -2$ のとき　$x+2 < 0$、$x-2 < 0$ だから $y' = 3(x+2)(x-2) > 0$

$x = -2$ のとき　$y' = 3(-2+2)(-2-2) = 0$

$-2 < x < 2$ のとき　$x+2 > 0$、$x-2 < 0$ だから $y' = 3(x+2)(x-2) < 0$

$x = 2$ のとき　$y' = 3(2+2)(2-2) = 0$

$2 < x$ のとき　$x+2 > 0$、$x-2 > 0$ だから $y' = 3(x+2)(x-2) > 0$

(ウ) y の行に y の値と ↗、↘ を書く

$x < -2$ のとき　$y' > 0$ だから ↗

$x = -2$ のとき　$y = -8 + 24 + 5 = 21$

$-2 < x < 2$ のとき　$y' < 0$ だから ↘

$x = 2$　のとき　$y = 8 - 24 + 5 = -11$

$2 < x$ のとき $y' > 0$ だから ↗

x	$\cdots$	-2	$\cdots$	2	$\cdots$
y'	$+$	0	$-$	0	$+$
y	↗	21	↘	-11	↗

増減表より、

$x \leqq -2$、$2 \leqq x$ で単調に増加、$-2 \leqq x \leqq 2$ で単調に減少

(2) ① 微分して、因数分解する

$\qquad y' = -6x^2 + 6x = -6x(x-1)$

② $y' = 0$ になる x を求める

$\qquad -6x(x-1) = 0$ より $x = 0$、1

③ 増減表を書く

(ア) x の行に②で求めた値を書く

(イ) y' の行に y' の＋、0、－を書く

$\qquad x < 0$ のとき $\quad x < 0$、$x - 1 < 0$ だから $\quad y' = -6x(x-1) < 0$

$\qquad x = 0$ のとき $\quad y' = -6 \cdot 0 \cdot (0-1) = 0$

$\qquad 0 < x < 1$ のとき $\quad x > 0$、$x - 1 < 0$ だから $\quad y' = -6x(x-1) > 0$

$\qquad x = 1$ のとき $\quad y' = -6 \cdot 1 \cdot (1-1) = 0$

$\qquad 1 < x$ のとき $\quad x > 0$、$x - 1 > 0$ だから $\quad y' = -6x(x-1) < 0$

(ウ) y の行に y の値と ↗、↘ を書く

$\qquad x < 0$ のとき $\quad y' < 0$ だから ↘

$\qquad x = 0$ のとき $\quad y = -2 \cdot 0^3 + 3 \cdot 0^2 - 1 = -1$

$\qquad 0 < x < 1$ のとき $\quad y' > 0$ だから ↗

$\qquad x = 1$ のとき $\quad y = -2 \cdot 1^3 + 3 \cdot 1^2 - 1 = 0$

$\qquad 1 < x$ のとき $\quad y' < 0$ だから ↘

x	$\cdots$	0	$\cdots$	1	$\cdots$
y'	$-$	0	$+$	0	$-$
y	↘	-1	↗	0	↘

$0 \leqq x \leqq 1$ で単調に増加、$x \leqq 0$、$1 \leqq x$ で単調に減少

問題4.12 次の関数の増減を調べ、極値があればその極値を求めよ。また、その関数のグラフを描け(必ず増減表を書くこと)。

(1) $y = x^3 - 6x^2 + 9x$ (2) $y = -x^3 + 3x^2 + 1$

(解答)

(1) $y' = 3x^2 - 12x + 9 = 3(x^2 - 4x + 3)$
$= 3(x-1)(x-3)$

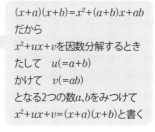
$(x+a)(x+b) = x^2 + (a+b)x + ab$ だから
$x^2 + ux + v$ を因数分解するとき
たして $u(=a+b)$
かけて $v(=ab)$
となる2つの数 a, b をみつけて
$x^2 + ux + v = (x+a)(x+b)$ と書く

$y' = 0$ より $x = 1、3$

$x = 1$ のとき $y = 1 - 6 + 9 = 4$

$x = 3$ のとき $y = 27 - 54 + 27 = 0$

増減表は、次の表になる。

x	$\cdots$	1	$\cdots$	3	$\cdots$
y'	+	0	−	0	+
y	↗	4	↘	0	↗

$x = 1$ で極大値 4、$x = 3$ で極小値 0
グラフは、右の図の太い実線

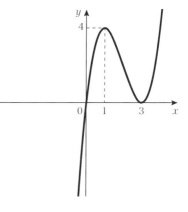

(2) $y' = -3x^2 + 6x = -3x(x-2)$

$y' = 0$ より $x = 0, 2$

$x = 0$ のとき $y = 1$

$x = 2$ のとき $y = -8 + 12 + 1 = 5$

増減表は次の表になる。

x	$\cdots$	0	$\cdots$	2	$\cdots$
y'	−	0	+	0	−
y	↘	1	↗	5	↘

$x = 2$ で極大値 5、$x = 0$ で極小値 1
グラフは、右の図の太い実線

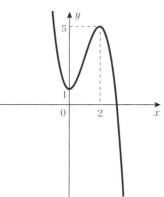

第5章
オイラーの公式

いよいよ、この章で世界一美しい数式「$e^{i\pi}=-1$」を、次のステップを踏んで導き出そう。

本章の流れ

1. 微分を駆使して、一般の関数 $f(x)$ を「無限個の x^n の項の和」で表す

ところが、

2. 「無限個の x^n の項の和」という意味が曖昧なので、はじめに無限等比数列を例として「無限個の数の和」について考える。すると、「無限個の数の和が求められる」場合と「求められない」場合があることがわかる

このことから、

3. 「無限個の x^n の項の和」についても、和が求められる場合と求められない場合があることがわかる。そこで、「無限個の x^n の項の和」が求められるための条件を明らかにする

以上のことを、

4. 三角関数と指数関数に当てはめて、オイラーの公式を証明し、世界一美しい数式を導き出す

最後に、

5. オイラーの公式に現れる e^{ix} が複素数平面上で、どのような働きをするのか明らかにする

いよいよ、この章でオイラーの公式
$$e^{ix} = \cos x + i\sin x$$
を証明し、世界一美しい数式
$$e^{i\pi} = -1$$
を導き出そう。

オイラーの公式を見ると、左辺は指数関数、右辺は三角関数であり、まったく違う形をしていることがわかる。このままでは、左辺と右辺を比較できない。

そこで、比較できるように、三角関数と指数関数を「無限個のx^nの項の和」として表す。すなわち、

$$\sin x = a_0 + a_1 x + a_2 x^2 + a_3 x^3 + \cdots + a_n x^n + \cdots$$
$$\cos x = b_0 + b_1 x + b_2 x^2 + b_3 x^3 + \cdots + b_n x^n + \cdots$$
$$e^x \;\;\; = c_0 + c_1 x + c_2 x^2 + c_3 x^3 + \cdots + c_n x^n + \cdots$$

である。このように表すと、これらの式の右辺を比べることによって、三角関数と指数関数を見比べることができる。

1 ベキ級数展開

一般に、関数$f(x)$を無限個のx^nの項の和
$$f(x) = a_0 + a_1 x + a_2 x^2 + a_3 x^3 + a_4 x^4 + a_5 x^5 + \cdots\cdots \tag{5.1}$$
として表すことを**ベキ級数展開**（**マクローリン展開**ともいう）という。このベキ級数展開は、微分を使って求められる。

◉ $(1+x)^3$ の展開

簡単な例から見ていこう。

$(1+x)^3$を展開するとは、カッコを外してバラバラにすることだった。すなわち、

$$(1+x)^3 = 1 + 3x + 3x^2 + x^3 \tag{5.2}$$

とカッコをはずすことであった。

次に、この展開を微分を利用して求めてみよう。

> 展開を詳しく計算すると、
> $(1+x)^3 = (1+x)(1+x)(1+x)$
> $= (1+x+x+x^2)(1+x)$
> $= (1+2x+x^2)(1+x)$
> $= 1+2x+x^2+x+2x^2+x^3$
> $= 1+3x+3x^2+x^3$
>
> となる。

1 $(1+x)^3 = a_0 + a_1 x + a_2 x^2 + a_3 x^3 + a_4 x^4 + a_5 x^5 + \cdots$

とおいて、

▶ **$x = 0$ を 1 式に代入する**

$(1+0)^3 = a_0 + a_1 \cdot 0 + a_2 \cdot 0^2 + a_3 \cdot 0^3$
$\qquad\qquad + a_4 \cdot 0^4 + a_5 \cdot 0^5 + \cdots$

左辺は1になり、右辺は a_0 になるから、

$$a_0 = 1$$

▶▶ **1 式の両辺を x で微分する**

左辺は、

$\{(1+x)^3\}' = 3 \cdot 1 (1+x)^{3-1} = 3(1+x)^2$

右辺は、

$(a_0 + a_1 x + a_2 x^2 + a_3 x^3 + a_4 x^4 + a_5 x^5 + \cdots)'$
$= (a_0)' + a_1(x)' + a_2(x^2)' + a_3(x^3)'$
$\qquad + a_4(x^4)' + a_5(x^5)' + \cdots$
$= 0 + a_1 \cdot 1 x^{1-1} + a_2 \cdot 2 x^{2-1} + a_3 \cdot 3 x^{3-1}$
$\qquad + a_4 \cdot 4 x^{4-1} + a_5 \cdot 5 x^{5-1} + \cdots$
$= a_1 + 2 a_2 x + 3 a_3 x^2 + 4 a_4 x^3 + 5 a_5 x^4 + \cdots$

したがって、1 式の両辺を x で微分すると、

2 $3(1+x)^2 = a_1 + 2a_2 x + 3a_3 x^2 + 4a_4 x^3 + 5a_5 x^4 + \cdots$

この 2 式においても、上記の ▶ と ▶▶ の操作を行う。

> $y = (ax+b)^n$ を $y = u^n$ と $u = ax+b$ の合成関数と考えて、微分すると、
> $\{(ax+b)^n\}'$
> $= (u^n)' \cdot (ax+b)'$
> $= nu^{n-1} \cdot a$
> $= n(ax+b)^{n-1} \cdot a$
> $= na(ax+b)^{n-1}$
>
> だから、
> $\{(ax+b)^n\}'$
> $= na(ax+b)^{n-1}$
>
> が成り立つ

> 公式
> $(x^n)' = nx^{n-1}$
> (n は自然数)、
> $(c)' = 0$
> (c は定数)
> (169ページ参照)

▶ $x=0$を**2**式に代入する

$$3(1+0)^2 = a_1 + 2a_2 \cdot 0 + 3a_3 \cdot 0^2 + 4a_4 \cdot 0^3 + 5a_5 \cdot 0^4 + \cdots\cdots$$

よって、$a_1 = 3$

▶▶ **2**式の両辺を微分する

$$3 \cdot 2(1+x) = 0 + 2a_2 \cdot 1 + 3a_3 \cdot 2x + 4a_4 \cdot 3x^2 + 5a_5 \cdot 4x^3 + \cdots\cdots$$

したがって、

3 $6(1+x) = 2a_2 + 6a_3 x + 12a_4 x^2 + 20a_5 x^3 + \cdots\cdots$

▶ $x=0$を**3**式に代入する

$$6(1+0) = 2a_2 + 6a_3 \cdot 0 + 12a_4 \cdot 0^2 + 20a_5 \cdot 0^3 + \cdots\cdots$$

よって、$6 = 2a_2$だから $a_2 = 3$

▶▶ **3**式の両辺を微分する

$$6 = 0 + 6a_3 \cdot 1 + 12a_4 \cdot 2x + 20a_5 \cdot 3x^2 + \cdots\cdots$$

したがって、

〔$\{6(1+x)\}' = \{6+6x\}' = 0 + 6 \cdot 1 = 6$〕

4 $6 = 6a_3 + 24a_4 x + 60a_5 x^2 + \cdots\cdots$

▶ $x=0$を**4**式に代入する

$$6 = 6a_3 + 24a_4 \cdot 0 + 60a_5 \cdot 0^2 + \cdots\cdots$$

よって、$6 = 6a_3$だから $a_3 = 1$

▶▶ **4**式の両辺を微分する

$$0 = 0 + 24a_4 \cdot 1 + 60 \cdot 2a_5 x + \cdots\cdots$$

したがって、

5 $0 = 0 + 24a_4 + 120a_5 x + \cdots\cdots$

この式から、左辺は常に0になるから、

$n \geq 4$の自然数nに対しては、$a_n = 0$

〔$(0)' = 0$で、0は何回微分しても0だから、左辺はいつも0である〕

結局、(5.2)と同じ式

$$(1+x)^3 = 1 + 3x + 3x^2 + x^3$$

を導くことができた。

この方法は、▶と▶▶を繰り返すだけで、微分可能な関数ならば、この方法で展開することができる。

問題5.1 $(1+x)^4$を上記の方法で展開せよ(解答232ページ)。

● $f(x)$のベキ級数展開

同じように、無限回微分可能な関数$f(x)$をベキ級数展開してみよう。

1 $f(x) = a_0 + a_1 x + a_2 x^2 + a_3 x^3 + a_4 x^4 + a_5 x^5 + \cdots\cdots$

▶ $x = 0$を代入する

$f(0) = a_0$　よって　$a_0 = f(0)$

▶▶ 両辺をxで微分する

$f^{(1)}(x) = 0 + a_1 \cdot 1 + a_2 \cdot 2x + a_3 \cdot 3x^2 + a_4 \cdot 4x^3 + a_5 \cdot 5x^4 + \cdots\cdots$

したがって、　　$f^{(1)}(x)$は$f'(x)$のこと（182ページ参照）

2 $f^{(1)}(x) = a_1 + 2a_2 x + 3a_3 x^2 + 4a_4 x^3 + 5a_5 x^4 + \cdots\cdots$

▶ $x = 0$を代入する

$f^{(1)}(0) = a_1$　よって　$a_1 = f^{(1)}(0)$

▶▶ 両辺をxで微分する

$f^{(2)}(x) = 0 + 2a_2 \cdot 1 + 3a_3 \cdot 2x + 4a_4 \cdot 3x^2 + 5a_5 \cdot 4x^3 + \cdots\cdots$

したがって、　　$f^{(2)}(x)$は$f''(x)$のこと（182ページ参照）

3 $f^{(2)}(x) = 1 \cdot 2a_2 + 2 \cdot 3a_3 x + 3 \cdot 4a_4 x^2 + 5 \cdot 4a_5 x^3 + \cdots\cdots$

▶ $x = 0$を代入する

$f^{(2)}(0) = 1 \cdot 2a_2$

$1 \cdot 2 = 2!$と書くから　$a_2 = \dfrac{f^{(2)}(0)}{2!}$

▶▶ 両辺をxで微分する

$f^{(3)}(x) = 0 + 2 \cdot 3a_3 \cdot 1 + 3 \cdot 4a_4 \cdot 2x + 4 \cdot 5a_5 \cdot 3x^2 + \cdots\cdots$

したがって、

4 $f^{(3)}(x) = 1 \cdot 2 \cdot 3 a_3 + 2 \cdot 3 \cdot 4 a_4 x + 3 \cdot 4 \cdot 5 a_5 x^2 + \cdots\cdots$

▶ $x = 0$を代入する

$f^{(3)}(0) = 1 \cdot 2 \cdot 3 a_3$

$1 \cdot 2 \cdot 3 = 3!$と書くから　$a_3 = \dfrac{f^{(3)}(0)}{3!}$

▶▶ 両辺をxで微分する

$f^{(4)}(x) = 0 + 2 \cdot 3 \cdot 4 a_4 \cdot 1 + 3 \cdot 4 \cdot 5 a_5 \cdot 2x + \cdots\cdots$

したがって、

5 $f^{(4)}(x) = 1 \cdot 2 \cdot 3 \cdot 4 a_4 + 2 \cdot 3 \cdot 4 \cdot 5 a_5 x + \cdots\cdots$

　　　$\cdots\cdots$

この操作を続けると、
$$a_4 = \frac{f^{(4)}(0)}{4!}、a_5 = \frac{f^{(5)}(0)}{5!}、\cdots\cdots$$
と次々に求められる。

x^nの項は、$a_n = \dfrac{f^{(n)}(0)}{n!}$となる。

これで、$a_n(n=0、1、2、3\cdots\cdots)$が求められたので、(5.1)に代入して、
$$f(x) = f(0) + \frac{f^{(1)}(0)}{1!}x + \frac{f^{(2)}(0)}{2!}x^2 + \frac{f^{(3)}(0)}{3!}x^3$$
$$+ \frac{f^{(4)}(0)}{4!}x^4 + \cdots\cdots + \frac{f^{(n)}(0)}{n!}x^n + \cdots\cdots \quad (5.3)$$

と関数$f(x)$のベキ級数展開が求められた。

ところで、ここまで読んできて「無限個の$a_n x^n$を足し算するとは、どのようなことなのだろうか？」という疑問が湧く人がいるのではないか。この疑問について、これから見ていこう。

2 無限等比数列

ここでは、無限個の数を足し算するとはどのようなことかについて考えよう。

ところで、無限個の数を足し算すると、不思議なことが起きる。その1つの例が、次のことである。

$\dfrac{1}{3}$を小数で表すと、$\dfrac{1}{3} = 0.33333\cdots\cdots$
となる。この式の両辺に3をかけると、
$$\frac{1}{3} \times 3 = 0.33333\cdots\cdots \times 3$$
$$1 = 0.99999\cdots\cdots \quad (5.4)$$

となる。

「あれ！　この式は正しいの？」「1と$0.99999\cdots\cdots$とは同じ数？」と疑問が湧く。この疑問に答えることを目標に、まず、数列、等比数列、無限等比数列というものを考えていこう。

● 等比数列

数を一列に並べたものを**数列**といい、数列を一般に表すには、

$$a_1、a_2、a_3、\cdots\cdots、a_n \tag{5.5}$$

のように、文字の右下に番号(これを添字という)を付けて表す。

しかし、(5.5)のように数列を書くと長くなるので、単に $\{a_n\}$ と書くこともある。

数列における各数を**項**といい、a_1 を**第1項**、a_2 を**第2項**、a_3 を**第3項**、$\cdots$、a_n を**第 n 項**という。とくに、第1項のことを**初項**ともいう。

> 数列では、添字は各項と自然数を1対1に対応させるため、1から始めるのが一般的である。
> $$a_1、a_2、a_3、\cdots$$
> ベキ級数展開では、x^n の n に合わせるために、0から始めるのが一般的である。
> $$f(x) = a_0 + a_1 x + a_2 x^2 + a_3 x^3 + \cdots$$

初項 a に一定の数 r を次々と掛けて得られる数列を**等比数列**といい、一定の数 r を**公比**という。

初項 a に公比 r を次々にかけ算していくと、

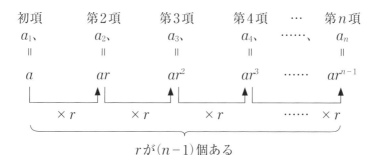

となる。したがって、次のことがわかる。

> 初項 a、公比 r の等比数列の第 n 項は、$a_n = ar^{n-1}$

である。第 n 項がわかると、すべての項がわかる。

たとえば、

(1) 初項3、公比2の等比数列 $\{a_n\}$ の第 n 項は、

$$a_n = 3 \cdot 2^{n-1}$$

$a=3$、$r=2$を $a_n = ar^{n-1}$ に代入する

初項は、$n=1$ を代入して、$a_1 = 3 \cdot 2^{1-1} = 3 \cdot 2^0 = 3 \cdot 1 = 3$
第2項は、$n=2$ を代入して、$a_2 = 3 \cdot 2^{2-1} = 3 \cdot 2^1 = 3 \cdot 2 = 6$
第3項は、$n=3$ を代入して、$a_3 = 3 \cdot 2^{3-1} = 3 \cdot 2^2 = 3 \cdot 4 = 12$

という具合に、次々に項が求められる。

さらに、第20項は、$n=20$ を代入して、
$$a_{20} = 3 \cdot 2^{20-1} = 3 \cdot 2^{19} = 3 \cdot 524288 = 1572864$$
と、どのような項でも求めることができる。

(2) 初項3、公比 $\frac{1}{2}$ の等比数列 $\{b_n\}$ の第 n 項は、
$$b_n = 3 \cdot \left(\frac{1}{2}\right)^{n-1} = \frac{3}{2^{n-1}}$$
第20項は、$b_{20} = \dfrac{3}{2^{20-1}} = \dfrac{3}{2^{19}} = \dfrac{3}{524288}$

問題5.2 次の等比数列の第 n 項を求め、第15項を求めよ（解答233ページ）。
(1) 初項2、公比 $\sqrt{2}$ の等比数列 $\{a_n\}$
(2) 初項4、公比 $-\dfrac{1}{2}$ の等比数列 $\{b_n\}$

次に、初項 a、公比 r の等比数列
$$a, ar, ar^2, ar^3, \cdots\cdots, ar^{n-1}$$
の初項 a から第 n 項 ar^{n-1} までの和 S_n を求めよう。

等比数列では、すべての項に公比 r をかけると、各項の公比 r が1つ増えるから、S_n と rS_n を書き並べると次のようになる。

$$S_n = a + ar + ar^2 + ar^3 + ar^4 + \cdots\cdots + ar^{n-2} + ar^{n-1} \tag{5.6}$$

$$rS_n = ar + ar^2 + ar^3 + ar^4 + ar^5 + \cdots\cdots + ar^{n-1} + ar^n$$

（上の式）−（下の式）より、

$$S_n - rS_n = a + \underline{ar + ar^2 + ar^3 + ar^4 + \cdots\cdots + ar^{n-2} + ar^{n-1}}$$
$$ - \underline{(ar + ar^2 + ar^3 + ar^4 + \cdots\cdots + ar^{n-2} + ar^{n-1}} + ar^n)$$
$$= a - ar^n = a(1-r^n)$$

> アンダーラインの項が引き算で消える

よって、$(1-r)S_n = a(1-r^n)$

$r \neq 1$ のとき、$1-r$ で割って、
$$S_n = \frac{a(1-r^n)}{1-r}$$

$r = 1$ のとき、(5.6) に代入して、
$$S_n = a + a\cdot 1 + a\cdot 1^2 + a\cdot 1^3 + a\cdot 1^4 + \cdots\cdots + a\cdot 1^{n-2} + a\cdot 1^{n-1}$$
$$= \underbrace{a + a + a + a + \cdots\cdots + a + a}_{n \text{個}} = nr$$

以上のことから、初項 a、公比 r の等比数列の初項から第 n 項までの和 S_n は、次のようになる。

$$r \neq 1 \text{ のとき、} S_n = \frac{a(1-r^n)}{1-r}$$
$$r = 1 \text{ のとき、} S_n = na \tag{5.7}$$

たとえば、

(1) 初項 3、公比 2 の等比数列 $\{a_n\}$ の初項から第 n 項までの和 S_n は、

$a = 3$、$r = 2$ を (5.7) に代入して、
$$S_n = \frac{3(1-2^n)}{1-2} = \frac{3(1-2^n)}{-1}$$
$$= -3(1-2^n) = 3(2^n - 1)$$

> 初項から第3項までの和を実際に計算すると、
> $3 + 3\cdot 2 + 3\cdot 2^2$
> $= 3 + 6 + 12 = 21$
> となり、この結果と一致する

初項から第3項までの和は、$n=3$ を代入して、
$$S_3 = 3(2^3 - 1) = 21$$

(2) 初項 3、公比 $\frac{1}{2}$ の等比数列 $\{b_n\}$ の初項から第 n 項までの和 S_n は、

$$S_n = \frac{3\left\{1-\left(\frac{1}{2}\right)^n\right\}}{1-\frac{1}{2}} = 3\left\{1-\left(\frac{1}{2}\right)^n\right\} \div \frac{1}{2} = 6\left(1-\frac{1}{2^n}\right)$$

初項から第10項までの和は、$n=10$ を代入して、
$$S_{10} = 6\left(1-\frac{1}{2^{10}}\right) = 6\left(1-\frac{1}{1024}\right) = 6\frac{1024-1}{1024} = \frac{3069}{512}$$

問題5.3 次の等比数列の初項から第 n 項までの和を求め、初項から第10項までの和を求めよ(解答233ページ)。

(1) 初項2、公比 $\sqrt{2}$ の等比数列 $\{a_n\}$
(2) 初項4、公比 $-\dfrac{1}{2}$ の等比数列 $\{b_n\}$

● 無限級数の和

無限個の数を1列に並べたもの

$$a_1、a_2、a_3、\cdots\cdots、a_n、\cdots\cdots \tag{5.8}$$

を**無限数列**という。この無限数列の各項を前から順に＋の記号で結んで得られる式

$$a_1 + a_2 + a_3 + \cdots\cdots + a_n + \cdots\cdots \tag{5.9}$$

を**無限級数**という。

さて、「無限個の数を足す」とはどのようなことなのか？ たとえば、電卓を使って足し算すると、「数字を入力して、＋を押す」ことを繰り返し操作することになる。有限個ならば、最後に＝を押して和が求められる。しかし、無限個となると、「数字を入力して＋を押す」という操作が永遠と繰り返されて、＝を押すことがない。終わりがなく、和が求められないことになる。そこで、無限個の和を次のように考えよう。

n 個までの和 S_n、$(n+1)$ 個までの和 S_{n+1}、$(n+2)$ 個までの和 S_{n+2}、$(n+3)$ 個までの和 S_{n+3}、……と足し算をする数の個数を増やしていくと、有限個の数の和がある1つの数 S に近づいていくことがある。そのとき、その S を無限個の数の和と呼ぶことにする。有限個の数の和が1つの数に近づいていかないときは、その無限個の数の和が決まらないので、この場合和は考えない。

この考え方を、数学的に表すと次のようになる。

無限数列 (5.8) において、初項から第 n 項までの和 S_n

$$S_n = a_1 + a_2 + a_3 + \cdots\cdots + a_n$$

を無限数列の**部分和**という。部分和のつくる無限数列

$$S_1、S_2、S_3、\cdots\cdots、S_n、\cdots\cdots \tag{5.10}$$

で、n が限りなく大きくなるとき、S_n が限りなく1つの数 S に近づく。す

なわち、
$$\lim_{n\to\infty} S_n = S$$
のとき、無限級数(5.9)は**収束する**といい、このSを無限級数の**和**といい、このことを、
$$a_1 + a_2 + a_3 + \cdots\cdots + a_n + \cdots\cdots = S$$
と書く。これが無限個の数を足し算したときの和である(図5.1)。

部分和の無限数列(5.10)が1つの数に収束しないとき、無限級数(5.9)は**発散する**という。この場合、和は決まらないので、和は求められない。

このことを等比数列で考えてみよう。

図5.1

$a_1 = S_1$
$a_1 + a_2 = S_2$
$a_1 + a_2 + a_3 = S_3$
⋮
$a_1 + a_2 + a_3 + \cdots\cdots + a_n = S_n$

$n\to\infty$のとき、S_n は1つの数Sに近づく

このSが無限級数の和で
$a_1 + a_2 + a_3 + \cdots\cdots + a_n + \cdots\cdots = S$
と書く。

● **無限等比級数の和**

初項a、公比rの無限個の項をもつ等比数列
$$a,\ ar,\ ar^2,\ ar^3,\ \cdots\cdots,\ ar^{n-1},\ \cdots\cdots$$
を**無限等比数列**といい、
$$a + ar + ar^2 + ar^3 + \cdots\cdots + ar^{n-1} + \cdots\cdots$$
を**無限等比級数**という。

初項から第n項までの和は(5.7)より、
$r \neq 1$のとき
$$S_n = a + ar + ar^2 + ar^3 + \cdots\cdots + ar^{n-1} = \frac{a(1-r^n)}{1-r}$$
$r = 1$のとき
$$S_n = a + a + a + a + \cdots\cdots + a = na$$
であった。そこで、部分和の数列$\{S_n\}$は次のようになる。

$r \neq 1$ のとき

S_1、　　S_2、　　S_3、　　……、　　S_n、　　……
∥　　　　∥　　　　∥　　　　　　　　∥
a、　　$a+ar$、　$a+ar+ar^2$、……、$a+ar+\cdots +ar^{n-1}$、……
∥　　　　∥　　　　∥　　　　　　　　∥
$\dfrac{a(1-r^1)}{1-r}$、$\dfrac{a(1-r^2)}{1-r}$、$\dfrac{a(1-r^3)}{1-r}$、……、$\dfrac{a(1-r^n)}{1-r}$、……

$r=1$ のとき

S_1、　　S_2、　　S_3、　　……、　　S_n、　　……
∥　　　　∥　　　　∥　　　　　　　　∥
a、　　$a+a$、　$a+a+a$　……、$a+a+\cdots +a$、……
∥　　　　∥　　　　∥　　　　　　　　∥
a　　　$2a$　　　$3a$　　　　　　　na

ここで、n を限りなく大きくすると、

(1) $a \neq 0$ のとき、　〔$-1<x<1$ のこと〕

① $|r|<1$ ならば、n が大きくなると、r^n は表5.1のように0に近づく。

すなわち、$\lim\limits_{n\to\infty} r^n = 0$ だから、　〔r^n だけが0に近づく〕

$$\lim_{n\to\infty} S_n = \lim_{n\to\infty} \frac{a(1-r^n)}{1-r} = \frac{a}{1-r}$$

〔$r<-1$ または $r>1$ のこと〕

② $|r|>1$ ならば、

n が大きくなると、$|r^n|$ は表5.1のように限りなく大きくなる。

すなわち、$\lim\limits_{n\to\infty} |r^n| = \infty$ だから、

$$\lim_{n\to\infty} S_n = \lim_{n\to\infty} \frac{a(1-r^n)}{1-r}$$

は発散する。　〔r^n が発散する〕

③ $r=-1$ ならば、

$S_n = a + a(-1) + a(-1)^2 + \cdots + a(-1)^{n-1}$

だから、

n が偶数のとき　$S_n = 0$、

表5.1

	$-1<r<1$	$r<-1, 1<r$	$r=-1$
r	0.1	10	-1
r^2	0.01	100	1
r^3	0.001	1000	-1
r^4	0.0001	10000	1
r^5	0.00001	100000	-1
r^6	0.000001	1000000	1
r^7	0.0000001	10000000	-1
↓	↓	↓	↓
r^n	0	∞	1か-1か定まらない

発散（1つの数に近づかないこと）

　　　　奇数のとき　$S_n = a$

となり、$n \to \infty$ のとき S_n は1つの数に近づかないから、これも発散である。

④ $r = 1$ ならば、$S_n = na$ で、$a \neq 0$ だから、n が大きくなれば $|na|$ も無限に大きくなるから、

$$\lim_{n \to \infty} S_n = \lim_{n \to \infty} na \text{ は発散する。}$$

(2) $a = 0$ のとき、すべての項が0になるから、$\displaystyle\lim_{n \to \infty} S_n = 0$

以上をまとめると、

無限等比級数 $a + ar + ar^2 + \cdots\cdots + ar^{n-1} + \cdots\cdots$ の収束・発散は、

$a \neq 0$ のとき

　　　　$|r| < 1$ ならば　収束し、その和は $\dfrac{a}{1-r}$

　　　　$|r| \geqq 1$ ならば　発散する

$a = 0$ のとき　収束し、その和は0である

このことから、

$a \neq 0$、$|r| < 1$ のとき、

$$a + ar + ar^2 + \cdots\cdots + ar^{n-1} + \cdots\cdots = \frac{a}{1-r} \tag{5.11}$$

これが、無限等比級数の和である。

それでは、次の無限等比級数の和を求めてみよう。

$$18 + 6 + 2 + \frac{2}{3} + \frac{2}{9} + \frac{2}{27} + \cdots\cdots$$

各項は、初項18、公比 $\dfrac{1}{3}$ の無限等比数列になっているから、(5.11) に代入して、

$$18 + 6 + 2 + \frac{2}{3} + \frac{2}{9} + \frac{2}{27} + \cdots\cdots$$
$$= \frac{18}{1 - \dfrac{1}{3}} = \frac{18}{\dfrac{2}{3}} = 18 \times \frac{3}{2} = 27$$

（第2項）=（初項）×（公比）
だから、
（公比）= $\dfrac{（第2項）}{（初項）} = \dfrac{6}{18} = \dfrac{1}{3}$

となる。

問題5.4 次の無限等比級数の和を求めよ（解答234ページ）。

(1) $1 + \dfrac{2}{3} + \dfrac{4}{9} + \dfrac{8}{27} + \cdots\cdots$

(2) $28 - 21 + \dfrac{63}{4} - \dfrac{189}{14} + \cdots\cdots$

ここで、(5.4)の数式 $1 = 0.99999\cdots\cdots$ について考えよう。

$0.99999\cdots\cdots$
$= 0.9 + 0.09 + 0.009 + 0.0009 + 0.00009 + \cdots\cdots$
$= 0.9 + 0.9 \cdot 0.1 + 0.9 \cdot 0.01 + 0.9 \cdot 0.001 + 0.9 \cdot 0.0001 + \cdots\cdots$
$= 0.9 + 0.9 \cdot 0.1 + 0.9 \cdot (0.1)^2 + 0.9 \cdot (0.1)^3 + 0.9 \cdot (0.1)^4 + \cdots\cdots$
$= \dfrac{0.9}{1-0.1} = \dfrac{0.9}{0.9} = 1$

すなわち、$1 = 0.99999\cdots\cdots$ が成り立つ。

> この式は、初項0.9、公比0.1の無限等比数列の和だから(5.11)に当てはめる

これが、無限個の和の特徴であって、有限個の和では考えられない結果である。

また、$1 = 0.99999\cdots\cdots$ は次のような方法でも導くことができる。

$a = 0.99999\cdots\cdots$ とおき、両辺に10をかけると、

$$10a = 9.99999\cdots\cdots$$

そこで、

$$10a - a = 9.99999\cdots\cdots - 0.99999\cdots\cdots \quad (5.12)$$

$$9a = 9$$

よって、$a = 1$

$a = 0.99999\cdots\cdots$ に代入して、

$$1 = 0.99999\cdots\cdots$$

図5.2

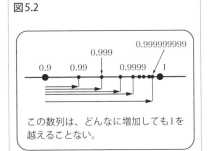

この数列は、どんなに増加しても1を越えることない。

$10a = 0.99999\cdots\cdots$
$-) \ a = 0.99999\cdots\cdots$
$9a = 9$

9が無限個続くから、10倍しても小数点以下の9はやはり無限個。そのため小数点以下が消える

この方法も、(5.12)の引き算で少数点以下が消去されるのは9が無限個続くからで、有限個ではこのようにはいかない。

> **9が有限個の場合**
> たとえば、$a = 0.999$ ならば、両辺に10をかけると、$10a = 9.99$
> $10a = 9.99$
> $\underline{-)\ a = 0.999}$
> $9a = 8.991$ ←小数点以下が消えない
> 9で割ると、$a = 0.999$ と元に戻る

問題5.5 次の循環小数（28ページ）を分数で表せ（解答234ページ）。

(1) $0.44444\cdots\cdots$ （2） $0.121212\cdots\cdots$

③ ベキ級数の収束・発散

x を変数として、$a_n x^n$（$n = 0$、1、2、3、……）の無限個の和

$$a_0 + a_1 x + a_2 x^2 + a_3 x^3 + \cdots\cdots + a_n x^n + \cdots\cdots \tag{5.13}$$

を**ベキ級数**という。

x は変数であるから、ベキ級数は関数である。x にはいろいろな実数が入り、x に実数が入れば無限級数になる。無限級数は、前項で見てきたように、収束したり発散したりする。そこで、収束する数だけを集めた集合を定義域とする関数としてベキ級数(5.13)を考える。

◉ 収束と発散の具体例

このことを、次のベキ級数

$$3 + 3x + 3x^2 + 3x^3 + \cdots\cdots + 3x^n + \cdots\cdots \tag{5.14}$$

について見ていこう。

(5.14)に、$x = 2$ を代入すると、

$$3 + 3\cdot 2 + 3\cdot 2^2 + 3\cdot 2^3 + \cdots\cdots + 3\cdot 2^n + \cdots\cdots$$

これは無限等比級数になる。公比が2で1より大きいから、前項のことよりこの無限等比級数は発散する。

(5.14)に、$x = \dfrac{1}{2}$ を代入すると、

$$3 + 3 \cdot \left(\frac{1}{2}\right) + 3 \cdot \left(\frac{1}{2}\right)^2 + 3 \cdot \left(\frac{1}{2}\right)^3 + \cdots\cdots + 3 \cdot \left(\frac{1}{2}\right)^n + \cdots\cdots$$

これも、無限等比級数になる。

公比が $\frac{1}{2}$ で1より小さいから、この無限等比級数は収束する。その和は(5.11)より、

$$3 + 3 \cdot \left(\frac{1}{2}\right) + 3 \cdot \left(\frac{1}{2}\right)^2 + 3 \cdot \left(\frac{1}{2}\right)^3 + \cdots\cdots + 3 \cdot \left(\frac{1}{2}\right)^n + \cdots\cdots$$
$$= \frac{3}{1 - \frac{1}{2}} = \frac{3}{\frac{1}{2}} = 6$$

である。

$\frac{a}{1-r}$ に $a=3$、$r=\frac{1}{2}$ を代入する

すなわち、ベキ級数

$$3 + 3x + 3x^2 + 3x^3 + \cdots\cdots + 3x^n + \cdots\cdots$$

の各項は公比 x の無限等比数列と考えられるから、前項のことより、$|x|<1$ で収束、$|x|>1$ で発散する。

このように、ベキ級数には収束する x の値や収束しない x の値がある。上記の例は無限等比級数であったから、前項のことが使えた。しかし、一般のベキ級数ではこのようにはいかない。たとえば、x に1つひとつの値を代入して、収束するかどうかを調べるのは不可能である。そのために、次の定理がある。

● 収束半径

定理5.1 ベキ級数

$$a_0 + a_1 x + a_2 x^2 + a_3 x^3 + \cdots\cdots + a_n x^n + \cdots\cdots$$

が、$x = x_0$ で収束するならば、$|x_1| < |x_0|$ を満たすすべての $x = x_1$ で収束する。

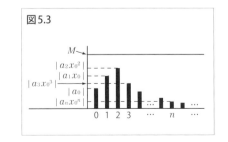

図5.3

厳密に証明すると話が込み入ってくるので、証明の主要な部分だけを示す。

ベキ級数は、x_0 で収束するから、

無限級数
$$a_0 + a_1 x_0 + a_2 x_0^2 + a_3 x_0^3 + \cdots\cdots + a_n x_0^n + \cdots\cdots$$
は収束する。したがって、$n \to \infty$ のとき $|a_n x_0^n| \to 0$ である。

そこで、$|a_n x_0^n|$ には最大値が存在する。最大値よりも大きい実数Mをとると、$|a_n x_0^n| < M$ となる(図5.3)。

$|x_1| < |x_0|$ となる任意の数 x_1 をとると、
$$|a_n x_1^n| = |a_n x_1^n| \cdot |x_0^n| \cdot \frac{1}{|x_0^n|}$$

> $|x_0^n| \cdot \frac{1}{|x_0^n|} = 1$ だから、$|a_n x_1^n| = |a_n x_1^n| \cdot 1$ の1に代入

> $|ab| = |a|\cdot|b|$ (31ページ参照)

$$= |a_n| \cdot |x_1^n| \cdot |x_0^n| \cdot \frac{1}{|x_0^n|}$$
$$= |a_n| \cdot |x_0^n| \cdot \frac{|x_1^n|}{|x_0^n|}$$
$$= |a_n x_0^n| \cdot \left|\frac{x_1^n}{x_0^n}\right| < M \left|\frac{x_1}{x_0}\right|^n$$

> $|a^n| = |a|^n$

> $|ab| = |a|\cdot|b|$

> $\frac{|a|}{|b|} = \left|\frac{a}{b}\right|$

> $|a_n x_0^n| < M$ より

よって、
$$|a_n x_1^n| < M \left|\frac{x_1}{x_0}\right|^n \tag{5.15}$$

そこで、
$$a_0 + a_1 x_1 + a_2 x_1^2 + a_3 x_1^3 + \cdots\cdots + a_n x_1^n + \cdots\cdots$$

> $a \leq |a|$

$$\leq |a_0 + a_1 x_1 + a_2 x_1^2 + a_3 x_1^3 + \cdots\cdots + a_n x_1^n + \cdots\cdots|$$

> $|a+b| \leq |a|+|b|$

$$\leq |a_0| + |a_1 x_1| + |a_2 x_1^2| + |a_3 x_1^3| + \cdots\cdots + |a_n x_1^n| + \cdots\cdots$$

> (5.15) $|a_n x_1^n| < M\left|\frac{x_1}{x_0}\right|^n$ ($n = 1、2、3、\cdots\cdots$)

$$< M + M\left|\frac{x_1}{x_0}\right| + M\left|\frac{x_1}{x_0}\right|^2 + M\left|\frac{x_1}{x_0}\right|^3 + \cdots\cdots + M\left|\frac{x_1}{x_0}\right|^n + \cdots\cdots$$

この最後の式の各項は、初項M、公比 $\left|\frac{x_1}{x_0}\right|$ の無限等比数列であり、

$\left|\dfrac{x_1}{x_0}\right|<1$ であるから、この無限等比級数は収束する。

> $|x_1|<|x_0|$ より

したがって、絶対値がついた級数が収束するから、絶対値を外した級数も収束する。

すなわち、$|x_1|<|x_0|$ となる任意の数 $x=x_1$ についてのベキ級数

$$a_0+a_1x+a_2x^2+a_3x^3+\cdots\cdots+a_nx^n+\cdots\cdots$$

は、収束する。

これで、ベキ級数が収束する x の値 x_0 が1つでもわかれば、$|x_1|<|x_0|$ となるすべての値 $x=x_1$ についても収束することがわかった。次に、このような x_0 の中で $|x_0|$ が最大値になる値 x_0 を求め、$|x_0|=R$ とすると、

$|x|<R$ となるすべての x について
　　ベキ級数は収束し、
$|x|>R$ となるすべての x について
　　ベキ級数は発散する

ことになる。

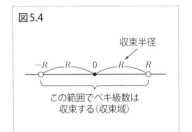

図5.4

そこで、この R を**収束半径**という。
$|x|<R$ を満たす x の範囲をここでは**収束域**ということにする（図5.4）。

たとえば、213ページの例のベキ級数(5.14)

$$3+3x+3x^2+3x^3+\cdots\cdots+3x^n+\cdots\cdots$$

は $|x|<1$ で収束し、$|x|>1$ で発散するから、収束半径は1である。

> 多項式は、有限個の x^n の項の和で表される式
> つまり、$a_0+a_1x+a_2x^2+\cdots\cdots+a_nx^n$ と表される式

さらに、収束域内でのベキ級数は、多項式の足し算・かけ算や微分の計算と同じように計算できることが知られている。

それでは、この収束半径を求める方法があるか？　次の定理で収束半径を求めることが多い。

定理5.2 ベキ級数

$$a_0 + a_1 x_0 + a_2 x_0^2 + a_3 x_0^3 + \cdots\cdots + a_n x_0^n + \cdots\cdots$$

で、極限値 $\displaystyle\lim_{n\to\infty}\left|\dfrac{a_n}{a_{n+1}}\right| = r$

が存在するならば、極限値 r は収束半径であり、この極限が $+\infty$ のときは、収束半径は $+\infty$ である。

この定理の証明は複雑で、本書の範囲を超えるので省略することにする。

4 オイラーの公式

ここでは、三角関数と指数関数をベキ級数展開し、その収束半径を調べ、オイラーの公式を証明してから、本書の目的である世界一美しい数式「$e^{i\pi} = -1$」を導こう。

無限回微分可能な関数 $f(x)$ に対して、そのベキ級数が収束する x の範囲で、関数 $f(x)$ のベキ級数展開は、

$$f(x) = f(0) + \frac{f^{(1)}(0)}{1!}x + \frac{f^{(2)}(0)}{2!}x^2 + \frac{f^{(3)}(0)}{3!}x^3$$
$$+ \cdots\cdots + \frac{f^{(n)}(0)}{n!}x^n + \cdots\cdots \quad (5.3)$$

となることを見てきた。$\sin x$、$\cos x$、e^x をこの式に当てはめてベキ級数展開し、そのベキ級数の収束半径を求めよう。

● $\sin x$、$\cos x$、e^x のベキ級数展開

$f(x) = \sin x$ は無限回微分可能であり、ベキ級数展開できるとして、(5.3)に当てはめて、$\sin x$ のベキ級数展開を求めよう。183ページで求めたことから、

$f(x) = \sin x$,　　$f^{(1)}(x) = \cos x$

$f^{(2)}(x) = -\sin x$,　　$f^{(3)}(x) = -\cos x$

$f^{(4)}(x) = \sin x$、　　……

となり元に戻る（図5.5）。そこで、$x=0$ を代入して、

$f(0) = \sin 0 = 0$、　　$f^{(1)}(0) = \cos 0 = 1$
$f^{(2)}(0) = -\sin 0 = 0$、
$f^{(3)}(0) = -\cos 0 = -1$
$f^{(4)}(0) = \sin 0 = 0$、　　……

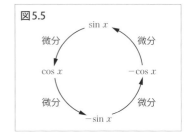

図5.5

これらの式を見ると、偶数回の微分では $f^{(2n)}(0) = 0$ であり、奇数回の微分で1または-1になるから、$f^{(2n+1)}(0) = (-1)^n$ である。

これらを、$f(x)$のべき級数に代入して、
$$\sin x = 0 + \frac{1}{1!}x + \frac{0}{2!}x^2 + \frac{-1}{3!}x^3 + \frac{0}{4!}x^4 + \cdots\cdots$$
$$+ \frac{0}{(2n)!}x^{2n} + \frac{(-1)^n}{(2n+1)!}x^{2n+1} + \cdots\cdots$$
$$= x - \frac{1}{3!}x^3 + \frac{1}{5!}x^5 - \frac{1}{7!}x^7 + \cdots\cdots + \frac{(-1)^n}{(2n+1)!}x^{2n+1} + \cdots\cdots$$

さて、このベキ級数の収束半径を調べよう。
$$a_n = \frac{(-1)^n}{(2n+1)!}、\quad a_{n+1} = \frac{(-1)^{n+1}}{\{2(n+1)+1\}!} \quad (n=0、1、2、3、\cdots\cdots)$$
であるから、 定理5.2 より、

$$\lim_{n\to\infty}\left|\frac{a_n}{a_{n+1}}\right| = \lim_{n\to\infty}\left|\frac{(-1)^n}{(2n+1)!} \div \frac{(-1)^{n+1}}{\{2(n+1)+1\}!}\right|$$

（$(2n+1)!$ に等しい）

$$= \lim_{n\to\infty}\left|\frac{(-1)^n}{(2n+1)!} \times \frac{(2n+3)!}{(-1)^{n+1}}\right|$$
$$= \lim_{n\to\infty}\left|\frac{(-1)^n}{(2n+1)!} \times \frac{(2n+3)(2n+2)\cdot(2n+1)\cdots\cdots 2\cdot 1}{(-1)^{n+1}}\right|$$
$$= \lim_{n\to\infty}\left|\frac{(-1)^n}{(2n+1)!} \times \frac{(2n+2)(2n+3)\cdot(2n+1)!}{(-1)^{n+1}}\right|$$
$$= \lim_{n\to\infty}\left|\frac{(2n+2)(2n+3)}{(-1)}\right|$$

$= (-1)\cdot(-1)^n$ だから、$(-1)^n$ が約分できる

$$= \lim_{n\to\infty}(2n+2)(2n+3)$$
$$= \infty$$

$n>0$ より、$(2n+2)(2n+3)>0$
$|-1|=1$ だから

よって、収束半径は∞なので、すべての実数について収束する。これで $\sin x$ は、すべての実数でベキ級数展開ができる。

$\cos x$ と e^x についても、$\sin x$ と同じようにベキ級数展開ができ、すべての実数で収束する。

それらをまとめると、

$$\sin x = x - \frac{1}{3!}x^3 + \frac{1}{5!}x^5 - \frac{1}{7!}x^7 + \cdots\cdots$$
$$+ \frac{(-1)^n}{(2n+1)!}x^{2n+1} + \cdots\cdots \qquad (5.16)$$

$$\cos x = 1 - \frac{1}{2!}x^2 + \frac{1}{4!}x^4 - \frac{1}{6!}x^6 + \cdots\cdots$$
$$+ \frac{(-1)^n}{(2n)!}x^{2n} + \cdots\cdots \qquad (5.17)$$

$$e^x = 1 + \frac{1}{1!}x + \frac{1}{2!}x^2 + \frac{1}{3!}x^3 + \cdots\cdots + \frac{1}{n!}x^n + \cdots\cdots \qquad (5.18)$$

問題5.6 $\cos x$ と e^x ベキ級数展開すると、それぞれ (5.17) と (5.18) になり、すべての実数で収束することを示せ (解答235ページ)。

$y = \sin x$ と $y = e^x$ を n 次関数で近似する様子を見ると、図5.6のようなグラフになる。n 次関数の次数 n が大きくなるにしたがって、n 次関数のグラフは、$y = \sin x$ と $y = e^x$ のグラフに近づいていることがわかる。

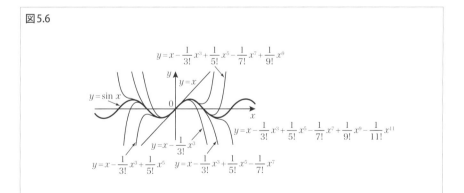

図5.6

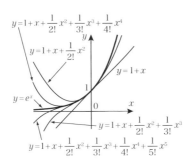

● e^i（eのi乗）とは

オイラーの公式「$e^{ix}=\cos x+i\sin x$」の左辺には、e^{ix}がある。今までは、指数関数e^xの変数xには実数が入った。つまり、実数の世界での指数関数e^xを考えていた。ところが、オイラーの公式では、eのix乗と、指数が虚数になっている。このことは、虚数の世界での指数関数を考えなければならないことを示している。そこで、虚数の世界での指数関数を見ていくことにしよう。

そのために、まず指数が虚数iである数e^i、つまり「eのi乗」とはどのような数を示しているのか考えよう。

実数xとしたときのe^xのベキ級数展開は、

$$e^x=1+\frac{1}{1!}x+\frac{1}{2!}x^2+\frac{1}{3!}x^3+\frac{1}{4!}x^4+\frac{1}{5!}x^5+\frac{1}{6!}x^6+\cdots\cdots \quad(5.18)$$

であった。

ここで、このxに虚数iを形式的に代入してみよう。

$$e^i=1+\frac{1}{1!}i+\frac{1}{2!}i^2+\frac{1}{3!}i^3+\frac{1}{4!}i^4+\frac{1}{5!}i^5+\frac{1}{6!}i^6+\cdots\cdots$$

となる。左辺のe^iの意味はわからないが、右辺は計算できて、1つの数を表しそうである。そこで、右辺を計算しよう。

$i^2=-1$、　　$i^3=i^2\cdot i=-1\cdot i=-i$

$i^4=(i^2)^2=(-1)^2=1$

$i^5=i^4\cdot i=1\cdot i=i$

$i^6=i^4\cdot i^2=1\cdot(-1)=-1$、

$i^7=i^4\cdot i^3=1\cdot(-i)=-i$

> $i^2=-1$、$i^4=1$
> を利用して計算するとよい

$i^8 = (i^4)^2 = 1^2 = 1$

であるから、

$1 + \dfrac{1}{1!}i + \dfrac{1}{2!}i^2 + \dfrac{1}{3!}i^3 + \dfrac{1}{4!}i^4 + \dfrac{1}{5!}i^5 + \dfrac{1}{6!}i^6 + \cdots\cdots$

$= 1 + \dfrac{1}{1!}i + \dfrac{1}{2!}(-1) + \dfrac{1}{3!}(-i) + \dfrac{1}{4!}\cdot 1 + \dfrac{1}{5!}i + \dfrac{1}{6!}(-1) + \cdots\cdots$

$= \left(1 - \dfrac{1}{2!} + \dfrac{1}{4!} - \dfrac{1}{6!} + \dfrac{1}{8!} - \cdots\cdots\right)$ 【実部】

$\quad + \left(\dfrac{1}{1!} - \dfrac{1}{3!} + \dfrac{1}{5!} - \dfrac{1}{7!} + \dfrac{1}{9!} - \cdots\cdots\right)i$ 【虚部】

> i がついていない項とついている項に分ける。つまり、実部と虚部に分ける

この最後の式の実部と虚部にある無限級数は収束する。すなわち、1つの数に限りなく近づいていく。その数は何か？ 具体的に計算してみると、次のようになる。

【実部】

$1 - \dfrac{1}{2!} = 0.5$

$1 - \dfrac{1}{2!} + \dfrac{1}{4!} = 0.5416666\cdots\cdots$

$1 - \dfrac{1}{2!} + \dfrac{1}{4!} - \dfrac{1}{6!} = 0.5402777\cdots\cdots$

$1 - \dfrac{1}{2!} + \dfrac{1}{4!} - \dfrac{1}{6!} + \dfrac{1}{8!} = 0.5403025\cdots\cdots$

$\quad\quad\downarrow\quad\quad\quad\quad\quad\quad\downarrow$

$1 - \dfrac{1}{2!} + \dfrac{1}{4!} - \dfrac{1}{6!} + \dfrac{1}{8!} + \cdots\cdots = 0.5403023\cdots\cdots$

【虚部】

$\dfrac{1}{1!} - \dfrac{1}{3!} = 0.833333333$

$\dfrac{1}{1!} - \dfrac{1}{3!} + \dfrac{1}{5!} = 0.8416666\cdots\cdots$

$\dfrac{1}{1!} - \dfrac{1}{3!} + \dfrac{1}{5!} - \dfrac{1}{7!} = 0.8414682\cdots\cdots$

$\dfrac{1}{1!} - \dfrac{1}{3!} + \dfrac{1}{5!} - \dfrac{1}{7!} + \dfrac{1}{9!} = 0.8414434\cdots\cdots$

$\quad\quad\downarrow\quad\quad\quad\quad\quad\quad\downarrow$

$$\frac{1}{1!} - \frac{1}{3!} + \frac{1}{5!} - \frac{1}{7!} + \frac{1}{9!} - \cdots = 0.8414709\cdots$$

> 実は、この値は$\cos 1$に等しい。オイラーの公式からわかる

すなわち、
$$1 - \frac{1}{2!} + \frac{1}{4!} - \frac{1}{6!} + \frac{1}{8!} - \cdots = 0.5403023\cdots$$

$$\frac{1}{1!} - \frac{1}{3!} + \frac{1}{5!} - \frac{1}{7!} + \frac{1}{9!} - \cdots = 0.8414709\cdots$$

> 実は、この値は$\sin 1$に等しい。オイラーの公式からわかる

である。したがって、
$$1 + \frac{1}{1!}i + \frac{1}{2!}i^2 + \frac{1}{3!}i^3 + \frac{1}{4!}i^4 + \frac{1}{5!}i^5 + \frac{1}{6!}i^6 + \cdots \tag{5.19}$$
は、$(0.5403023\cdots) + (0.8414709\cdots)i$ という数に収束する。

そこで、この値を e^i と書くことにすればよい。

これが、虚数の世界の「e の i 乗」の値である。

● 複素数の世界の指数関数、三角関数

このように、e^i という数を無限級数(5.19)で定義すればよいことがわかった。同じように、zが複素数のとき、指数関数e^zをベキ級数で定義することにする。

今まで実数xについてe^xをベキ級数展開してきたが、発想を転換して、zが複素数のとき、e^z（eのz乗）をベキ級数
$$1 + \frac{1}{1!}z + \frac{1}{2!}z^2 + \frac{1}{3!}z^3 + \frac{1}{4!}z^4 + \cdots + \frac{1}{n!}z^n + \cdots$$
で定義する。このように定義にすると、zが実数xのときは今までと同じ指数関数e^xになる。

三角関数についても、同じように、ベキ級数で定義し直す。

複素数zに対して、$\sin z$、$\cos z$、e^zを次のように定義する。

$$\sin z = z - \frac{1}{3!}z^3 + \frac{1}{5!}z^5 - \frac{1}{7!}z^7 + \cdots\cdots + \frac{(-1)^n}{(2n+1)!}z^{2n+1} + \cdots\cdots$$

$$\cos z = 1 - \frac{1}{2!}z^2 + \frac{1}{4!}z^4 - \frac{1}{6!}z^6 + \cdots\cdots + \frac{(-1)^n}{(2n)!}z^{2n} + \cdots\cdots$$

$$e^z = 1 + z + \frac{1}{2!}z^2 + \frac{1}{3!}z^3 + \frac{1}{4!}z^4 + \cdots\cdots + \frac{1}{n!}z^n + \cdots\cdots$$

実数の変数のベキ級数で成り立つことは、複素数の変数にしても成り立つことがわかっているので、同じように計算することができる。

実数と虚数の世界を合わせた世界が複素数の世界である。これで、実数の世界から複素数の世界に広げたときの指数関数e^z、三角関数$\sin z$、$\cos z$が定義できた。

● e^zの指数法則

複素数の世界の指数関数e^zはべき級数で定義された。つまり、

$$e^z = 1 + z + \frac{1}{2!}z^2 + \frac{1}{3!}z^3 + \frac{1}{4!}z^4 + \cdots\cdots \tag{5.20}$$

の右辺(ベキ級数)で左辺のe^zを定義した。このように定義したe^zは、複素数の世界でも指数法則$e^z \times e^w = e^{z+w}$が成り立たないと困る。そこで、ここでは、この指数法則が複素数の世界でも成り立つかを調べよう。

(5.20)より、

$$e^z e^w = \left(1 + z + \frac{1}{2!}z^2 + \frac{1}{3!}z^3 + \frac{1}{4!}z^4 + \cdots\cdots\right)$$
$$\times \left(1 + w + \frac{1}{2!}w^2 + \frac{1}{3!}w^3 + \frac{1}{4!}w^4 + \cdots\cdots\right)$$

展開すると、

$$e^z e^w = \left(1 + z + \frac{1}{2!}z^2 + \frac{1}{3!}z^3 + \frac{1}{4!}z^4 + \cdots\cdots\right) \times 1$$
$$+ \left(1 + z + \frac{1}{2!}z^2 + \frac{1}{3!}z^3 + \frac{1}{4!}z^4 + \cdots\cdots\right) \times w$$
$$+ \left(1 + z + \frac{1}{2!}z^2 + \frac{1}{3!}z^3 + \frac{1}{4!}z^4 + \cdots\cdots\right) \times \frac{1}{2!}w^2$$
$$+ \left(1 + z + \frac{1}{2!}z^2 + \frac{1}{3!}z^3 + \frac{1}{4!}z^4 + \cdots\cdots\right) \times \frac{1}{3!}w^3$$

$$+ \left(1 + z + \frac{1}{2!}z^2 + \frac{1}{3!}z^3 + \frac{1}{4!}z^4 + \cdots\cdots\right) \times \frac{1}{4!}w^4$$
$$\vdots$$

$$\begin{aligned}
= \quad & 1 \quad + \quad z \quad + \quad \frac{1}{2}z^2 \quad + \quad \frac{1}{6}z^3 \quad + \quad \frac{1}{24}z^4 \quad + \cdots\cdots \\
& + \quad w \quad + \quad zw \quad + \quad \frac{1}{2}z^2w \quad + \quad \frac{1}{6}z^3w \quad + \quad \frac{1}{24}z^4w \quad + \cdots\cdots \\
& + \frac{1}{2}w^2 + \frac{1}{2}zw^2 + \frac{1}{4}z^2w^2 + \frac{1}{12}z^3w^2 + \frac{1}{48}z^4w^2 + \cdots\cdots \\
& + \frac{1}{6}w^3 + \frac{1}{6}zw^3 + \frac{1}{12}z^2w^3 + \frac{1}{36}z^3w^3 + \frac{1}{144}z^4w^3 + \cdots\cdots \\
& + \frac{1}{24}w^4 + \frac{1}{24}zw^4 + \frac{1}{48}z^2w^4 + \frac{1}{144}z^3w^4 + \frac{1}{576}z^4w^4 + \cdots\cdots
\end{aligned}$$
$$\vdots$$

斜めに足し算すると、
$$e^z e^w = 1 + (z+w) + \frac{1}{2}(z^2 + 2zw + w^2) + \frac{1}{6}(z^3 + 3z^2w + 3zw^2 + w^3)$$
$$+ \frac{1}{24}(z^4 + 4z^3w + 6z^2w^2 + 4zw^3 + w^4) + \cdots\cdots$$
$$= 1 + (z+w) + \frac{1}{2!}(z+w)^2 + \frac{1}{3!}(z+w)^3 + \frac{1}{4!}(z+w)^4 + \cdots\cdots$$
$$= e^{z+w}$$

したがって、$e^z \times e^w = e^{z+w}$ が成り立つことがわかる。

次に、整数 n について、$(e^z)^n = e^{nz}$ が成り立つかを調べよう。

① $(e^z)^1 = e^z = e^{1 \cdot z}$

$(e^z)^2 = e^z \times e^z = e^{z+z} = e^{2z}$

$(e^z)^3 = (e^z)^2 \times e^z = e^{2z} \times e^z = e^{2z+z} = e^{3z}$

$(e^z)^4 = (e^z)^3 \times e^z = e^{3z} \times e^z = e^{3z+z} = e^{4z}$

このことを続けていけば、k が自然数のとき、
$$(e^z)^k = e^{kz} \tag{5.21}$$
が成り立つことがわかる。

② 0乗 $(e^z)^0$ とマイナス乗 $(e^z)^{-k}$ について調べよう。

一般に実数の場合と同様に、自然数 k と複素数 z に対して、
$$z^0 = 1, \qquad z^{-k} = \frac{1}{z^k}$$
と定義する。

$(e^z)^0 = 1$ であり、$e^{0 \cdot z} = e^0 = 1$ であるから、

$$(e^z)^0 = e^{0 \cdot z} \tag{5.22}$$

また、マイナス乗では、
$$(e^z)^{-k} = \frac{1}{(e^z)^k} = \frac{1}{e^{kz}} = e^{-kz}$$
よって、
$$(e^z)^{-k} = e^{-kz} \tag{5.23}$$

(5.21)、(5.22)、(5.23) より、

整数 n に対して $(e^z)^n = e^{nz}$ が成り立つ。

したがって、複素数の世界でも次の指数法則が成り立つことがわかった。

複素数 z、w、整数 n について、
$$e^z \times e^w = e^{z+w}, \qquad (e^z)^n = e^{nz}$$

● 世界一美しい数式

さて、いよいよ世界一美しい数式「$e^{i\pi} = -1$」を導く。そのために、まずオイラーの公式「$e^{ix} = \cos x + i\sin x$」を導く。

複素数の世界の指数関数 (5.20) の z に ix を代入すると、

$$e^{ix} = 1 + ix + \frac{1}{2!}(ix)^2 + \frac{1}{3!}(ix)^3 + \frac{1}{4!}(ix)^4 + \frac{1}{5!}(ix)^5 + \cdots\cdots$$

$$= 1 + ix + \frac{1}{2!}i^2x^2 + \frac{1}{3!}i^3x^3 + \frac{1}{4!}i^4x^4 + \frac{1}{5!}i^5x^5 + \cdots\cdots$$

$$= 1 + ix - \frac{1}{2!}x^2 - \frac{1}{3!}ix^3 + \frac{1}{4!}x^4 + \frac{1}{5!}ix^5 + \cdots\cdots$$

次に、$\cos x$ のベキ級数展開は、

$$\cos x = 1 - \frac{1}{2!}x^2 + \frac{1}{4!}x^4 - \frac{1}{6!}x^6 + \cdots\cdots$$

最後に、$i\sin x$ のベキ級数展開は、

$$i\sin x = i\left(x - \frac{1}{3!}x^3 + \frac{1}{5!}x^5 - \frac{1}{7!}x^7 + \cdots\cdots\right)$$

$$= ix - \frac{1}{3!}ix^3 + \frac{1}{5!}ix^5 - \frac{1}{7!}ix^7 + \cdots\cdots$$

となる。この3つの式を書き並べてみると、

$$\begin{array}{rl} e^{ix} = & 1 + ix - \dfrac{1}{2!}x^2 - \dfrac{1}{3!}ix^3 + \dfrac{1}{4!}x^4 + \dfrac{1}{5!}ix^5 - \cdots\cdots \\ \cos x = & 1 - \dfrac{1}{2!}x^2 \phantom{- \dfrac{1}{3!}ix^3} + \dfrac{1}{4!}x^4 \phantom{+ \dfrac{1}{5!}ix^5} - \cdots\cdots \\ i\sin x = & + ix \phantom{- \dfrac{1}{2!}x^2} - \dfrac{1}{3!}ix^3 \phantom{+ \dfrac{1}{4!}x^4} + \dfrac{1}{5!}ix^5 - \cdots\cdots \end{array}$$

となる。e^{ix} のベキ級数展開の1つおきの項が $\cos x$、$i\sin x$ のベキ級数展開の項と等しくなる。そこで、e^{ix} のベキ級数の i のつかない項（実部）と i のつく項（虚部）に分けると、

$$e^{ix} = \left(1 - \frac{1}{2!}x^2 + \frac{1}{4!}x^4 - \cdots\cdots\right) + i\left(x - \frac{1}{3!}x^3 + \frac{1}{5!}x^5 - \cdots\cdots\right)$$
$$= \cos x + i\sin x$$

となる。

これで、オイラーの公式

$$e^{ix} = \cos x + i\sin x$$

が成り立つことがわかった。

さて、オイラーの公式に $x = \pi$ を代入すると、

$$e^{i\pi} = \cos \pi + i\sin \pi$$

$\cos \pi = -1$、$\sin \pi = 0$ であるから、

$$e^{i\pi} = -1$$

これで、世界一美しい数式が導かれた。

このように実数の世界では、まったく関係がないと思われた指数関数・三角関数が、複素数の世界まで広げると、オイラーの公式で示されるように密接な関係があることがわかった。さらに、数学で重要な定数である e、π、i が1つのシンプルな式「$e^{i\pi} = -1$」で関連づけられるという見事な風景が複素数の世界には広がっている。

● e^z の指数法則と三角関数の加法定理

複素数の世界ではオイラーの公式が成り立ち、指数関数 e^{ix} と三角関数 $\cos x$、$\sin x$ は密接な関係であることがわかった。それでは、指数関数の

重要な性質である指数法則と三角関数の重要な性質である加法定理の間に関係があるか調べよう。

実数α、βに対して、指数法則より$e^{i\alpha+i\beta} = e^{i\alpha}e^{i\beta}$が成り立つので、
$\cos(\alpha+\beta) + i\sin(\alpha+\beta) = e^{i(\alpha+\beta)}$
$= e^{i\alpha+i\beta} = e^{i\alpha}e^{i\beta}$ ← 複素数の世界の指数法則
$= (\cos\alpha + i\sin\alpha)(\cos\beta + i\sin\beta)$ ← オイラーの公式
$= \cos\alpha\cos\beta + i\cos\alpha\sin\beta + i\sin\alpha\cos\beta + i^2\sin\alpha\sin\beta$
$= \cos\alpha\cos\beta + i\cos\alpha\sin\beta + i\sin\alpha\cos\beta - \sin\alpha\sin\beta$
$= \cos\alpha\cos\beta - \sin\alpha\sin\beta + i(\sin\alpha\cos\beta + \cos\alpha\sin\beta)$

すなわち、
$\cos(\alpha+\beta) + i\sin(\alpha+\beta)$
$= \cos\alpha\cos\beta - \sin\alpha\sin\beta + i(\sin\alpha\cos\beta + \cos\alpha\sin\beta)$

が成り立つ。

左辺と右辺の実部どうし、虚部どうしが等しいから、
$$\cos(\alpha+\beta) = \cos\alpha\cos\beta - \sin\alpha\sin\beta$$
$$\sin(\alpha+\beta) = \sin\alpha\cos\beta + \cos\alpha\sin\beta$$

が成り立つ。これらの式が三角関数の加法定理である(105ページ参照)。

このように、複素数の世界まで広げると、指数関数e^zの指数法則から三角関数の加法定理が導かれるという、実数の世界では考えられない事実を目の当たりにする。

もう少し、この複素数の世界を眺めていこう。

5 複素数平面上のe^{ix}

世界一美しい数式「$e^{i\pi} = -1$」は、オイラーの公式「$e^{ix} = \cos x + i\sin x$」に$x = \pi$を代入して得られた。

そこで、xに数値0、$\dfrac{\pi}{2}$、$\dfrac{3}{2}\pi$を代入すると、どのような数式になるか調べてみよう。

$x = 0$を代入すると、$e^{i\cdot 0} = \cos 0 + i\sin 0 = 1 + i\cdot 0 = 1$

$x = \dfrac{\pi}{2}$ を代入すると、$e^{i\frac{\pi}{2}} = \cos\dfrac{\pi}{2} + i\sin\dfrac{\pi}{2} = 0 + i\cdot 1 = i$

$x = \dfrac{3}{2}\pi$ を代入すると、$e^{i\frac{3\pi}{2}} = \cos\dfrac{3\pi}{2} + i\sin\dfrac{3\pi}{2} = 0 + i\cdot(-1) = -i$

したがって、
$$e^{i\cdot 0} = 1,\ e^{i\frac{\pi}{2}} = i,\ e^{i\pi} = -1,\ e^{i\frac{3\pi}{2}} = -i$$
となる。

これらの点を複素数平面上にとると図5.7のようになる。

ここで気付くのは、
① 各点は単位円周上にあり、
② e^{ix} の x に代入した値は、実軸の正の方向からの角度

になっていることである。

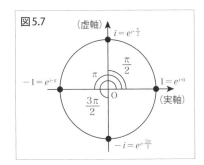

図5.7

問題5.7 次の値を、e^{ix} の x に代入し、その複素数を複素数平面上に示せ（解答236ページ）。

(1) $\dfrac{3\pi}{4}$ 　　　　(2) $-\dfrac{\pi}{3}$

上記のことから、

「e^{ix} の x に値 θ を代入すると、複素数 $e^{i\theta}$ は、単位円周上にあり、実軸の正の部分からの角が θ rad である点を表している」

ようである。まず、このことを調べよう。

◉ 極形式

今まで複素数 z を $z = a + bi$（a, b は実数）と表していたが、ここでは原点Oからの点 z までの距離 Oz と実軸の正の半直線と線分 Oz のつくる角で、複素数 z を表すことを考える。

原点をOとする複素数平面上で、0でない複素数 $z = a + bi$ が表す点をPとする。OP = r とし、実軸の正の方向と線分 Oz のなす角を θ とする。

図5.8より、

$\sin\theta = \dfrac{b}{r}$、$\cos\theta = \dfrac{a}{r}$ だから、
$$b = r\sin\theta \quad a = r\cos\theta$$
したがって、
$$z = a + bi = r\cos\theta + i\cdot r\sin\theta$$
$$= r(\cos\theta + i\sin\theta)$$
よって、
$$z = r(\cos\theta + i\sin\theta) \quad (r>0) \quad (5.24)$$
これを、複素数zの**極形式**という。

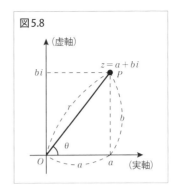

図5.8

rは、原点Oから点Pまでの距離だから、zの絶対値$|z|$であり、zによって、一意に決まる。

θをzの**偏角**という。図5.9では、$0 \leq \theta < 2\pi$になっているが、偏角は、動径OPを表す角だから、$\theta + 2\pi$、$\theta + 2\cdot 2\pi$、$\theta + 3\cdot 2\pi$、……なども、zの偏角である。すなわち、偏角を$\arg z$(argは偏角を意味するargumentの略である)で表すと、

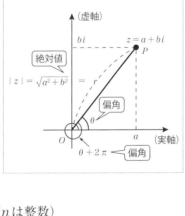

図5.9

$$\arg z = \theta + 2n\pi \quad (n\text{は整数})$$

である。

$z=0$のときは絶対値は0であるが、偏角が決まらないので極形式では表せない。

さて、ここでオイラーの公式のxをθに書き換えると、
$$e^{i\theta} = \cos\theta + i\sin\theta$$
となる。この式を極形式(5.24)に代入すると、
$$z = r(\cos\theta + i\sin\theta) = re^{i\theta} \quad (5.25)$$
である。0以外の複素数は$re^{i\theta}$の形で表すことができる。

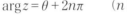

229

とくに、$r=1$ のときは、$z=e^{i\theta}$

よって、$e^{i\theta}$ は、偏角 θ の単位円周上の点を表す。

● 世界一美しい数式「$e^{i\pi}=-1$」の図形的な意味

0以外の複素数 w は、(5.25)より $w=re^{i\phi}$ と表すことができる。

w に $e^{i\theta}$ をかけ算すると、指数法則より、

$$e^{i\theta}w = e^{i\theta} \cdot re^{i\phi} = re^{i\theta}e^{i\phi} = re^{i\theta+i\phi} = re^{i(\theta+\phi)}$$

すなわち、

$$e^{i\theta}w = re^{i(\theta+\phi)}$$

となる。このことは、図5.10のように、

「複素数 w に $e^{i\theta}$ をかけ算すると、w は原点を中心に θ だけ回転した点に移動する」

を意味している。

$z=1+i$ を原点Oを中心に $\dfrac{\pi}{3}$ だけ回転させたときの複素数 w を求めてみよう。

点 z を原点を中心に $\dfrac{\pi}{3}$ だけ回転させるには、z に $e^{i\frac{\pi}{3}}$ をかければよいから、$w=e^{i\frac{\pi}{3}}z$ となる。

$$e^{i\frac{\pi}{3}} = \cos\frac{\pi}{3} + i\sin\frac{\pi}{3} = \frac{1}{2} + \frac{\sqrt{3}}{2}i$$

だから

$$\begin{aligned}
w = e^{i\frac{\pi}{3}}z &= \left(\frac{1}{2} + \frac{\sqrt{3}}{2}i\right)(1+i) \\
&= \frac{1}{2} + \frac{1}{2}i + \frac{\sqrt{3}}{2}i + \frac{\sqrt{3}}{2}i^2 \\
&= \frac{1}{2} + \frac{1}{2}i + \frac{\sqrt{3}}{2}i - \frac{\sqrt{3}}{2} \\
&= \frac{1}{2} - \frac{\sqrt{3}}{2} + \left(\frac{1}{2} + \frac{\sqrt{3}}{2}\right)i \\
&= \frac{1-\sqrt{3}}{2} + \frac{1+\sqrt{3}}{2}i
\end{aligned}$$

となる。

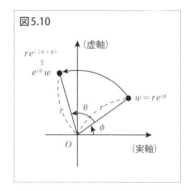

図5.10

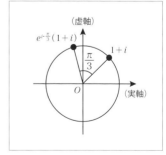

問題5.8 $z=1+i$ を原点Oを中心に、次の角度だけ回転させた点 w を求めよ（解答237ページ）。

(1) $\dfrac{\pi}{4}$ (2) $\dfrac{\pi}{6}$ (3) $-\dfrac{2}{3}\pi$

世界一美しい数式 $e^{i\pi}=-1$ は、
$$e^{i\pi}\cdot 1 = -1$$
と書けるから、
「1を π（180°）回転させると -1」
であることを示している。

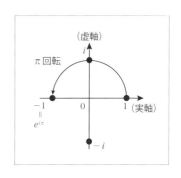

このことを用いて、「マイナスかけるマイナスはプラス」であることを示そう。

たとえば、$(-2)\times(-3)=6$ であることは、次のように示される。
$$-2 = 2\cdot(-1) = 2e^{i\pi}、$$
$$-3 = 3\cdot(-1) = 3e^{i\pi}$$
であるから、
$$\begin{aligned}(-2)\times(-3) &= 2e^{i\pi}\times 3e^{i\pi}\\ &= 6e^{i\pi+i\pi} = 6e^{i\cdot 2\pi}\\ &= 6(\cos 2\pi + i\sin 2\pi)\\ &= 6\end{aligned}$$

$\cos 2\pi = 1$
$\sin 2\pi = 0$

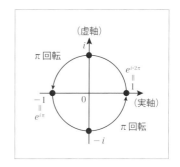

このように、実数の世界では説明が難しいことも、複素数の世界まで広げて考えると、容易に説明することができる。

今まで見てきたように、実数の世界から複素数の世界に広げると、そこには調和のとれた美しい世界が広がっていた。その中でもとくに美しく輝く式が、世界一美しい数式「$e^{i\pi}=-1$」である。

解答

問題5.1 $(1+x)^4$ を上記の方法で展開せよ。

（解答）

❶ $(1+x)^4 = a_0 + a_1 x + a_2 x^2 + a_3 x^3 + a_4 x^4 + a_5 x^5 + \cdots\cdots$ とおいて、

▶ $x=0$ を代入すると、$a_0 = 1$

▶▶ 両辺を x で微分すると、
$$4(1+x)^3 = a_1 \cdot 1 + a_2 \cdot 2x + a_3 \cdot 3x^2 + a_4 \cdot 4x^3 + a_5 \cdot 5x^4 + \cdots\cdots$$
したがって、

❷ $4(1+x)^3 = a_1 + 2a_2 x + 3a_3 x^2 + 4a_4 x^3 + 5a_5 x^4 + \cdots\cdots$

▶ $x=0$ を代入すると、$a_1 = 4$

▶▶ 両辺を微分すると、
$$4 \cdot 3(1+x)^2 = 2a_2 \cdot 1 + 3a_3 \cdot 2x + 4a_4 \cdot 3x^2 + 5a_5 \cdot 4x^3 + \cdots\cdots$$
したがって、

❸ $12(1+x)^2 = 2a_2 + 6a_3 x + 12a_4 x^2 + 20a_5 x^3 + \cdots\cdots$

▶ $x=0$ を代入すると、$12 = 2a_2$ だから $a_2 = 6$

▶▶ 両辺を微分する
$$12 \cdot 2(1+x) = 6a_3 \cdot 1 + 12a_4 \cdot 2x + 20a_5 \cdot 3x^2 + \cdots\cdots$$
したがって、

❹ $24(1+x) = 6a_3 + 24a_4 x + 60a_5 x^2 + \cdots\cdots$

▶ $x=0$ を代入すると、$24 = 6a_3$ だから $a_3 = 4$

▶▶ 両辺を微分する
$$24 = 24a_4 \cdot 1 + 60 \cdot 2a_5 x + \cdots\cdots$$
したがって、

❺ $24 = 24a_4 + 120a_5 x + \cdots\cdots$

▶ $x=0$ を代入すると、$24 = 24a_4$ だから $a_4 = 1$

▶▶ 両辺を微分する
$$0 = 120a_5 + \cdots\cdots$$
したがって、

❻ $0 = 120a_5 + \cdots\cdots$

この式から、左辺は常に 0 になるから、

$n \geqq 5$ の自然数 n に対しては、$a_n = 0$

以上より、$(1+x)^4 = 1 + 4x + 6x^2 + 4x^3 + x^4$

問題 5.2 次の数列の第 n 項を求め、第 15 項を求めよ。

(1) 初項 2、公比 $\sqrt{2}$ の等比数列 $\{a_n\}$
(2) 初項 3、公比 $-\dfrac{1}{2}$ の等比数列 $\{b_n\}$

(解答)

(1) 第 n 項は　$a_n = 2\sqrt{2}^{n-1}$

　　第 15 項は、$a_{15} = 2 \cdot \sqrt{2}^{15-1} = 2 \cdot \sqrt{2}^{14} = 2 \cdot (\sqrt{2}^2)^7 = 2 \cdot 2^7 = 2^8 = 256$

(2) 第 n 項は　$b_n = 4\left(-\dfrac{1}{2}\right)^{n-1}$

　　第 15 項は、$b_{15} = 4\left(-\dfrac{1}{2}\right)^{15-1} = 4\left(-\dfrac{1}{2}\right)^{14} = 2^2\left(\dfrac{1}{2}\right)^{14} = \dfrac{2^2}{2^{14}} = \dfrac{1}{2^{12}} = \dfrac{1}{4096}$

問題 5.3 次の等比数列の初項から第 n 項までの和を求め、初項から第 10 項までの和を求めよ。

(1) 初項 2、公比 $\sqrt{2}$ の等比数列 $\{a_n\}$
(2) 初項 4、公比 $-\dfrac{1}{2}$ の等比数列 $\{b_n\}$

(解答)

(1) 初項から第 n 項までの和 S_n は、
$$S_n = \dfrac{2(1-\sqrt{2}^n)}{1-\sqrt{2}} = \dfrac{2(1-\sqrt{2}^n)(1+\sqrt{2})}{(1-\sqrt{2})(1+\sqrt{2})} = \dfrac{2(1-\sqrt{2}^n)(1+\sqrt{2})}{1-2}$$
$$= \dfrac{2(1+\sqrt{2})(1-\sqrt{2}^n)}{-1} = -2(1+\sqrt{2})(1-\sqrt{2}^n) = 2(\sqrt{2}+1)(\sqrt{2}^n - 1)$$

初項から第 10 項までの和 S_{10} は、
$$S_{10} = 2(\sqrt{2}+1)(\sqrt{2}^{10}-1) = 2(\sqrt{2}+1)(2^5-1)$$
$$= 2(\sqrt{2}+1)(32-1) = 62(1+\sqrt{2})$$

(2) 初項から第 n 項までの和 S_n は、
$$S_n = \dfrac{4\left\{1-\left(-\dfrac{1}{2}\right)^n\right\}}{1-\left(-\dfrac{1}{2}\right)} = \dfrac{4\left\{1-\left(-\dfrac{1}{2}\right)^n\right\}}{1+\dfrac{1}{2}} = \dfrac{4\left\{1-\left(-\dfrac{1}{2}\right)^n\right\}}{\dfrac{3}{2}}$$
$$= 4\left\{1-\left(-\dfrac{1}{2}\right)^n\right\} \div \dfrac{3}{2} = 4\left\{1-\left(-\dfrac{1}{2}\right)^n\right\} \times \dfrac{2}{3} = \dfrac{8}{3}\left\{1-\left(-\dfrac{1}{2}\right)^n\right\}$$

初項から第 10 項までの和 S_{10} は、

$$S_{10} = \frac{8}{3}\left\{1 - \left(-\frac{1}{2}\right)^{10}\right\} = \frac{8}{3}\left(1 - \frac{1}{1024}\right) = \frac{8}{3} \cdot \frac{1023}{1024} = \frac{1023}{384}$$

問題5.4 次の無限等比級数の和を求めよ。

(1) $1 + \frac{2}{3} + \frac{4}{9} + \frac{8}{27} + \cdots$ (2) $28 - 21 + \frac{63}{4} - \frac{189}{16} + \cdots$

(解答)

(1) 初項1、公比$\frac{2}{3}$だから、

$$1 + \frac{2}{3} + \frac{4}{9} + \frac{8}{27} + \cdots = \frac{1}{1 - \frac{2}{3}} = \frac{1}{\frac{1}{3}} = 1 \times \frac{3}{1} = 3$$

(2) 初項28、公比$\frac{-21}{28} = -\frac{3}{4}$だから、

$$28 - 21 + \frac{63}{4} - \frac{189}{16} + \cdots = \frac{28}{1 - \left(-\frac{3}{4}\right)} = \frac{28}{1 + \frac{3}{4}} = \frac{28}{\frac{7}{4}} = 28 \times \frac{4}{7} = 16$$

問題5.5 次の循環小数（28ページ）を分数で表せ。

(1) $0.44444\cdots$ (2) $0.121212\cdots$

(解答)

(1) $0.44444\cdots$

$= 0.4 + 0.04 + 0.004 + 0.0004 + 0.00004 + \cdots$

$= 0.4 + 0.4 \cdot 0.1 + 0.4 \cdot 0.01 + 0.4 \cdot 0.001 + 0.4 \cdot 0.0001 + \cdots$

$= 0.4 + 0.4 \cdot 0.1 + 0.4 \cdot (0.1)^2 + 0.4 \cdot (0.1)^3 + 0.4 \cdot (0.1)^4 + \cdots$

$= \frac{0.4}{1 - 0.1} = \frac{0.4}{0.9} = \frac{4}{9}$

(2) $0.121212\cdots$

$= 0.12 + 0.0012 + 0.000012 + 0.00000012 + \cdots$

$= 0.12 + 0.12 \cdot 0.01 + 0.12 \cdot 0.0001 + 0.12 \cdot 0.000001 + \cdots$

$= 0.12 + 0.12 \cdot 0.01 + 0.12 \cdot (0.01)^2 + 0.12 \cdot (0.01)^3 + \cdots$

$= \frac{0.12}{1 - 0.01} = \frac{0.12}{0.99} = \frac{12}{99} = \frac{4}{33}$

(別解)

(1) $a = 0.44444\cdots$ とおき、両辺に10をかけると、$10a = 4.44444\cdots$

$$10a - a = 4.44444\cdots - 0.44444\cdots$$

$$9a = 4 \quad \text{よって、} a = \frac{4}{9}$$

(2) $a = 0.121212\cdots\cdots$ とおき、両辺に100をかけると、$100a = 12.121212\cdots\cdots$

$$100a - a = 12.121212\cdots\cdots - 0.121212\cdots\cdots$$
$$99a = 12 \quad \text{よって、} a = \frac{12}{99} = \frac{4}{33}$$

問題5.6 $\cos x$とe^xをベキ級数展開すると、それぞれ(5.17)と(5.18)になり、すべての実数で収束することを示せ。

(解答)

(1) $f(x) = \cos x$をベキ級数展開しよう。

$f(x) = \cos x$も無限回微分可能であり、(5.3)に当てはめて$\cos x$のべき級数展開を求める。183ページで求めたことから、

$$f^{(1)}(x) = -\sin x、f^{(2)}(x) = -\cos x$$
$$f^{(3)}(x) = \sin x、f^{(4)}(x) = \cos x、\cdots\cdots$$

となり元に戻る。そこで、$x = 0$を代入して、

$$f(0) = \cos 0 = 1、f^{(1)}(0) = -\sin 0 = 0$$
$$f^{(2)}(0) = -\cos 0 = -1、f^{(3)}(0) = \sin 0 = 0$$
$$f^{(4)}(x) = \cos x = 1、\cdots\cdots$$

これらの式を見ると、偶数回の微分では1または-1であるから、$f^{(2n)}(0) = (-1)^n$であり、奇数回の微分で0になるから、$f^{(2n+1)}(0) = 0$である。

これらを、$f(x)$のべき級数に代入して、

$$\cos x = 1 + \frac{0}{1!}x + \frac{-1}{2!}x^2 + \frac{0}{3!}x^3 + \frac{1}{4!}x^4 + \cdots\cdots$$
$$+ \frac{(-1)^n}{(2n)!}x^{2n} + \frac{0}{(2n+1)!}x^{2n+1} + \cdots\cdots$$
$$= 1 - \frac{2}{2!}x^2 + \frac{1}{4!}x^4 - \frac{1}{6!}x^6 + \cdots\cdots + \frac{(-1)^n}{(2n)!}x^{2n} + \cdots\cdots$$

次に、このベキ級数の収束半径を調べる。

$$\lim_{n\to\infty}\left|\frac{a_n}{a_{n+1}}\right| = \lim_{n\to\infty}\left|\frac{(-1)^n}{(2n)!} \div \frac{(-1)^{n+1}}{\{2(n+1)\}!}\right|$$
$$= \lim_{n\to\infty}\left|\frac{(-1)^n}{(2n)!} \times \frac{(2n+2)!}{(-1)^{n+1}}\right|$$
$$= \lim_{n\to\infty}\left|\frac{(-1)^n}{(2n)!} \times \frac{(2n+1)(2n+2)\cdot(2n)!}{(-1)^{n+1}}\right|$$
$$= \lim_{n\to\infty}\left|\frac{(2n+1)(2n+2)}{(-1)}\right|$$
$$= \lim_{n\to\infty}(2n+1)(2n+2) = \infty$$

よって、収束半径は∞なので、すべての実数について収束する。これで、$\cos x$ もすべての実数でベキ級数展開ができる。

(2) 指数関数 $f(x) = e^x$ は微分しても変わらないから、
$$f^{(n)}(x) = e^x である。\quad よって、f^{(n)}(0) = e^0 = 1$$
$$e^x = 1 + \frac{1}{1!}x + \frac{1}{2!}x^2 + \frac{1}{3!}x^3 + \frac{1}{4!}x^4 + \cdots + \frac{1}{n!}x^n + \cdots$$

次に、このベキ級数の収束半径を調べる。

$$\lim_{n\to\infty}\left|\frac{a_n}{a_{n+1}}\right| = \lim_{n\to\infty}\left|\frac{1}{n!} \div \frac{1}{(n+1)!}\right|$$
$$= \lim_{n\to\infty}\left|\frac{1}{n!} \times \frac{(n+1)!}{1}\right|$$
$$= \lim_{n\to\infty}\left|\frac{1}{n!} \times \frac{(n+1)\cdot n!}{1}\right|$$
$$= \lim_{n\to\infty}(n+1) = \infty$$

よって、収束半径は∞なので、すべての実数について収束する。
これで、e^x もすべての実数でベキ級数展開ができる。

問題 5.7 次の値を、e^{ix} の x に代入し、その複素数を複素数平面上に示せ。

(1) $\dfrac{3\pi}{4}$ (2) $-\dfrac{\pi}{3}$

(解答)
(1) $x = \dfrac{3\pi}{4}$ を代入 $e^{i\frac{3\pi}{4}} = \cos\dfrac{3\pi}{4} + i\sin\dfrac{3\pi}{4} = -\dfrac{1}{\sqrt{2}} + i\cdot\dfrac{1}{\sqrt{2}} = -\dfrac{1}{\sqrt{2}} + \dfrac{1}{\sqrt{2}}i$

$\left|-\dfrac{1}{\sqrt{2}} + \dfrac{1}{\sqrt{2}}i\right| = \sqrt{\left(-\dfrac{1}{\sqrt{2}}\right)^2 + \left(\dfrac{1}{\sqrt{2}}\right)^2} = \sqrt{\dfrac{1}{2} + \dfrac{1}{2}} = \sqrt{1} = 1$

よって、単位円周上にある。

(2) $x = -\dfrac{\pi}{3}$ を代入

$$e^{-i\frac{\pi}{3}} = \cos\left(-\dfrac{\pi}{3}\right) + i\sin\left(-\dfrac{\pi}{3}\right)$$

$$= \dfrac{1}{2} + i\cdot\left(-\dfrac{\sqrt{3}}{2}\right) = \dfrac{1}{2} - \dfrac{\sqrt{3}}{2}i$$

$$\left|\dfrac{1}{2} - \dfrac{\sqrt{3}}{2}i\right| = \sqrt{\left(\dfrac{1}{2}\right)^2 + \left(-\dfrac{\sqrt{3}}{2}\right)^2}$$

$$= \sqrt{\dfrac{1}{4} + \dfrac{3}{4}} = \sqrt{1} = 1$$

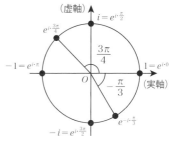

よって、単位円周上にある。

問題 5.8 $z = 1 + i$ を原点 O を中心に、次の角度だけ回転させた点 w を求めよ。

(1) $\dfrac{\pi}{4}$ (2) $\dfrac{\pi}{6}$ (3) $-\dfrac{2}{3}\pi$

（解答）

(1) 点 z を原点を中心に $\dfrac{\pi}{4}$ だけ回転させるには、z に $e^{i\frac{\pi}{4}}$ をかければよいから、$w = e^{i\frac{\pi}{4}}z$ となる。

$$e^{i\frac{\pi}{4}} = \cos\dfrac{\pi}{4} + i\sin\dfrac{\pi}{4} = \dfrac{1}{\sqrt{2}} + \dfrac{1}{\sqrt{2}}i \quad \text{だから}$$

$$w = e^{i\frac{\pi}{4}}z = \left(\dfrac{1}{\sqrt{2}} + \dfrac{1}{\sqrt{2}}i\right)(1+i)$$

$$= \dfrac{1}{\sqrt{2}} + \dfrac{1}{\sqrt{2}}i + \dfrac{1}{\sqrt{2}}i + \dfrac{1}{\sqrt{2}}i^2$$

$$= \dfrac{1}{\sqrt{2}} + \dfrac{1}{\sqrt{2}}i + \dfrac{1}{\sqrt{2}}i - \dfrac{1}{\sqrt{2}}$$

$$= \dfrac{2}{\sqrt{2}}i = \sqrt{2}i$$

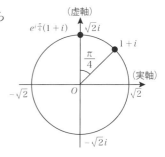

(2) 点 z を原点を中心に $\dfrac{\pi}{6}$ だけ回転させるには、z に $e^{i\frac{\pi}{6}}$ をかければよいから、$w = e^{i\frac{\pi}{6}}z$ となる。

$$e^{i\frac{\pi}{6}} = \cos\dfrac{\pi}{6} + i\sin\dfrac{\pi}{6} = \dfrac{\sqrt{3}}{2} + \dfrac{1}{2}i \quad \text{だから}$$

$$\begin{aligned}
w = e^{i\frac{\pi}{6}}z &= \left(\frac{\sqrt{3}}{2}+\frac{1}{2}i\right)(1+i) \\
&= \frac{\sqrt{3}}{2}+\frac{\sqrt{3}}{2}i+\frac{1}{2}i+\frac{1}{2}i^2 \\
&= \frac{\sqrt{3}}{2}+\frac{\sqrt{3}}{2}i+\frac{1}{2}i-\frac{1}{2} \\
&= -\frac{1}{2}+\frac{\sqrt{3}}{2}+\left(\frac{1}{2}+\frac{\sqrt{3}}{2}\right)i \\
&= \frac{-1+\sqrt{3}}{2}+\frac{1+\sqrt{3}}{2}i
\end{aligned}$$

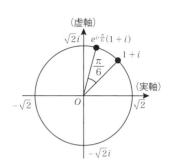

(3) 点 z を原点を中心に $-\dfrac{2}{3}\pi$ だけ回転させるには、z に $e^{-i\frac{2}{3}\pi}$ をかければよいから、$w = e^{-i\frac{2}{3}\pi}z$ となる。

$e^{-i\frac{2}{3}\pi} = \cos\left(-\dfrac{2}{3}\pi\right) + i\sin\left(-\dfrac{2}{3}\pi\right) = -\dfrac{1}{2} - \dfrac{\sqrt{3}}{2}i$ だから

$$\begin{aligned}
w = e^{-i\frac{2}{3}\pi}z &= \left(-\frac{1}{2}-\frac{\sqrt{3}}{2}i\right)(1+i) \\
&= -\frac{1}{2}-\frac{1}{2}i-\frac{\sqrt{3}}{2}i-\frac{\sqrt{3}}{2}i^2 \\
&= -\frac{1}{2}-\frac{1}{2}i-\frac{\sqrt{3}}{2}i+\frac{\sqrt{3}}{2} \\
&= -\frac{1}{2}+\frac{\sqrt{3}}{2}-\left(\frac{1}{2}+\frac{\sqrt{3}}{2}\right)i \\
&= \frac{-1+\sqrt{3}}{2}-\frac{1+\sqrt{3}}{2}i
\end{aligned}$$

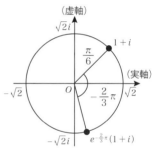

巻末資料

三角比の表
常用対数表
本書で用いられる主な公式

三角比の表

角 (°)	正弦 (sin)	余弦 (cos)	正接 (tan)
0	0.0000	1.0000	0.0000
1	0.0175	0.9998	0.0175
2	0.0349	0.9994	0.0349
3	0.0523	0.9986	0.0524
4	0.0698	0.9976	0.0699
5	0.0872	0.9962	0.0875
6	0.1045	0.9945	0.1051
7	0.1219	0.9925	0.1228
8	0.1392	0.9903	0.1405
9	0.1564	0.9877	0.1584
10	0.1736	0.9848	0.1763
11	0.1908	0.9816	0.1944
12	0.2079	0.9781	0.2126
13	0.2250	0.9744	0.2309
14	0.2419	0.9703	0.2493
15	0.2588	0.9659	0.2679
16	0.2756	0.9613	0.2867
17	0.2924	0.9563	0.3057
18	0.3090	0.9511	0.3249
19	0.3256	0.9455	0.3443
20	0.3420	0.9397	0.3640
21	0.3584	0.9336	0.3839
22	0.3746	0.9272	0.4040
23	0.3907	0.9205	0.4245
24	0.4067	0.9135	0.4452
25	0.4226	0.9063	0.4663
26	0.4384	0.8988	0.4877
27	0.454	0.8910	0.5095
28	0.4695	0.8829	0.5317
29	0.4848	0.8746	0.5543
30	0.5000	0.8660	0.5774
31	0.5150	0.8572	0.6009
32	0.5299	0.8480	0.6249
33	0.5446	0.8387	0.6494
34	0.5592	0.8290	0.6745
35	0.5736	0.8192	0.7002
36	0.5878	0.8090	0.7265
37	0.6018	0.7986	0.7536
38	0.6157	0.7880	0.7813
39	0.6293	0.7771	0.8098
40	0.6428	0.7660	0.8391
41	0.6561	0.7547	0.8693
42	0.6691	0.7431	0.9004
43	0.6820	0.7314	0.9325
44	0.6947	0.7193	0.9657
45	0.7071	0.7071	1.0000
46	0.7193	0.6947	1.0355
47	0.7314	0.6820	1.0724
48	0.7431	0.6691	1.1106
49	0.7547	0.6561	1.1504
50	0.7660	0.6428	1.1918

角 (°)	正弦 (sin)	余弦 (cos)	正接 (tan)
51	0.7771	0.6293	1.2349
53	0.7986	0.6018	1.3270
54	0.8090	0.5878	1.3764
55	**0.8192**	**0.5736**	**1.4281**
56	0.8290	0.5592	1.4826
57	0.8387	0.5446	1.5399
58	0.8480	0.5299	1.6003
59	0.8572	0.5150	1.6643
60	**0.8660**	**0.5000**	**1.7321**
61	0.8746	0.4848	1.8040
62	0.8829	0.4695	1.8807
63	0.8910	0.4540	1.9626
64	0.8988	0.4384	2.0503
65	**0.9063**	**0.4226**	**2.1445**
66	0.9135	0.4067	2.2460
67	0.9205	0.3907	2.3559
68	0.9272	0.3746	2.4751
69	0.9336	0.3584	2.6051
70	**0.9397**	**0.3420**	**2.7475**
71	0.9455	0.3256	2.9042
72	0.9511	0.3090	3.0777
73	0.9563	0.2924	3.2709
74	0.9613	0.2756	3.4874
75	**0.9659**	**0.2588**	**3.7321**

角 (°)	正弦 (sin)	余弦 (cos)	正接 (tan)
76	0.9703	0.2419	4.0108
77	0.9744	0.2250	4.3315
78	0.9781	0.2079	4.7046
79	0.9816	0.1908	5.1446
80	**0.9848**	**0.1736**	**5.6713**
81	0.9877	0.1564	6.3138
82	0.9903	0.1392	7.1154
83	0.9925	0.1219	8.1443
84	0.9945	0.1045	9.5144
85	**0.9962**	**0.0872**	**11.4301**
86	0.9976	0.0698	14.3007
87	0.9986	0.0523	19.0811
88	0.9994	0.0349	28.6363
89	0.9998	0.0175	57.2900
90	1.0000	0.0000	なし

常用対数表

数	0	1	2	3	4	5	6	7	8	9
1.0	.0000	.0043	.0086	.0128	.0170	.0212	.0253	.0294	.0334	.0374
1.1	.0414	.0453	.0492	.0531	.0569	.0607	.0645	.0682	.0719	.0755
1.2	.0792	.0828	.0864	.0899	.0934	.0969	.1004	.1038	.1072	.1106
1.3	.1139	.1173	.1206	.1239	.1271	.1303	.1335	.1367	.1399	.1430
1.4	.1461	.1492	.1523	.1553	.1584	.1614	.1644	.1673	.1703	.1732
1.5	.1761	.1790	.1818	.1847	.1875	.1903	.1931	.1959	.1987	.2014
1.6	.2041	.2068	.2095	.2122	.2148	.2175	.2201	.2227	.2253	.2279
1.7	.2304	.2330	.2355	.2380	.2405	.2430	.2455	.2480	.2504	.2529
1.8	.2553	.2577	.2601	.2625	.2648	.2672	.2695	.2718	.2742	.2765
1.9	.2788	.2810	.2833	.2856	.2878	.2900	.2923	.2945	.2967	.2989
2.0	.3010	.3032	.3054	.3075	.3096	.3118	.3139	.3160	.3181	.3201
2.1	.3222	.3243	.3263	.3284	.3304	.3324	.3345	.3365	.3385	.3404
2.2	.3424	.3444	.3464	.3483	.3502	.3522	.3541	.3560	.3579	.3598
2.3	.3617	.3636	.3655	.3674	.3692	.3711	.3729	.3747	.3766	.3784
2.4	.3802	.3820	.3838	.3856	.3874	.3892	.3909	.3927	.3945	.3962
2.5	.3979	.3997	.4014	.4031	.4048	.4065	.4082	.4099	.4116	.4133
2.6	.4150	.4166	.4183	.4200	.4216	.4232	.4249	.4265	.4281	.4298
2.7	.4314	.4330	.4346	.4362	.4378	.4393	.4409	.4425	.4440	.4456
2.8	.4472	.4487	.4502	.4518	.4533	.4548	.4564	.4579	.4594	.4609
2.9	.4624	.4639	.4654	.4669	.4683	.4698	.4713	.4728	.4742	.4757
3.0	.4771	.4786	.4800	.4814	.4829	.4843	.4857	.4871	.4886	.4900
3.1	.4914	.4928	.4942	.4955	.4969	.4983	.4997	.5011	.5024	.5038
3.2	.5051	.5065	.5079	.5092	.5105	.5119	.5132	.5145	.5159	.5172
3.3	.5185	.5198	.5211	.5224	.5237	.5250	.5263	.5276	.5289	.5302
3.4	.5315	.5328	.5340	.5353	.5366	.5378	.5391	.5403	.5416	.5428
3.5	.5441	.5453	.5465	.5478	.5490	.5502	.5514	.5527	.5539	.5551
3.6	.5563	.5575	.5587	.5599	.5611	.5623	.5635	.5647	.5658	.5670
3.7	.5682	.5694	.5705	.5717	.5729	.5740	.5752	.5763	.5775	.5786
3.8	.5798	.5809	.5821	.5832	.5843	.5855	.5866	.5877	.5888	.5899
3.9	.5911	.5922	.5933	.5944	.5955	.5966	.5977	.5988	.5999	.6010
4.0	.6021	.6031	.6042	.6053	.6064	.6075	.6085	.6096	.6107	.6117
4.1	.6128	.6138	.6149	.6160	.6170	.6180	.6191	.6201	.6212	.6222
4.2	.6232	.6243	.6253	.6263	.6274	.6284	.6294	.6304	.6314	.6325
4.3	.6335	.6345	.6355	.6365	.6375	.6385	.6395	.6405	.6415	.6425
4.4	.6435	.6444	.6454	.6464	.6474	.6484	.6493	.6503	.6513	.6522
4.5	.6532	.6542	.6551	.6561	.6571	.6580	.6590	.6599	.6609	.6618
4.6	.6628	.6637	.6646	.6656	.6665	.6675	.6684	.6693	.6702	.6712
4.7	.6721	.6730	.6739	.6749	.6758	.6767	.6776	.6785	.6794	.6803
4.8	.6812	.6821	.6830	.6839	.6848	.6857	.6866	.6875	.6884	.6893
4.9	.6902	.6911	.6920	.6928	.6937	.6946	.6955	.6964	.6972	.6981
5.0	.6990	.6998	.7007	.7016	.7024	.7033	.7042	.7050	.7059	.7067
5.1	.7076	.7084	.7093	.7101	.7110	.7118	.7126	.7135	.7143	.7152
5.2	.7160	.7168	.7177	.7185	.7193	.7202	.7210	.7218	.7226	.7235
5.3	.7243	.7251	.7259	.7267	.7275	.7284	.7292	.7300	.7308	.7316
5.4	.7324	.7332	.7340	.7348	.7356	.7364	.7372	.7380	.7388	.7396

数	0	1	2	3	4	5	6	7	8	9
5.5	.7404	.7412	.7419	.7427	.7435	.7443	.7451	.7459	.7466	.7474
5.6	.7482	.7490	.7497	.7505	.7513	.7520	.7528	.7536	.7543	.7551
5.7	.7559	.7566	.7574	.7582	.7589	.7597	.7604	.7612	.7619	.7627
5.8	.7634	.7642	.7649	.7657	.7664	.7672	.7679	.7686	.7694	.7701
5.9	.7709	.7716	.7723	.7731	.7738	.7745	.7752	.7760	.7767	.7774
6.0	.7782	.7789	.7796	.7803	.7810	.7818	.7825	.7832	.7839	.7846
6.1	.7853	.7860	.7868	.7875	.7882	.7889	.7896	.7903	.7910	.7917
6.2	.7924	.7931	.7938	.7945	.7952	.7959	.7966	.7973	.7980	.7987
6.3	.7993	.8000	.8007	.8014	.8021	.8028	.8035	.8041	.8048	.8055
6.4	.8062	.8069	.8075	.8082	.8089	.8096	.8102	.8109	.8116	.8122
6.5	.8129	.8136	.8142	.8149	.8156	.8162	.8169	.8176	.8182	.8189
6.6	.8195	.8202	.8209	.8215	.8222	.8228	.8235	.8241	.8248	.8254
6.7	.8261	.8267	.8274	.8280	.8287	.8293	.8299	.8306	.8312	.8319
6.8	.8325	.8331	.8338	.8344	.8351	.8357	.8363	.8370	.8376	.8382
6.9	.8388	.8388	.8388	.8388	.8388	.8388	.8388	.8388	.8388	.8388
7.0	.8451	.8457	.8463	.8470	.8476	.8482	.8488	.8494	.8500	.8506
7.1	.8513	.8519	.8525	.8531	.8537	.8543	.8549	.8555	.8561	.8567
7.2	.8573	.8579	.8585	.8591	.8597	.8603	.8609	.8615	.8621	.8627
7.3	.8633	.8639	.8645	.8651	.8657	.8663	.8669	.8675	.8681	.8686
7.4	.8692	.8698	.8704	.8710	.8716	.8722	.8727	.8733	.8739	.8745
7.5	.8751	.8756	.8762	.8768	.8774	.8779	.8785	.8791	.8797	.8802
7.6	.8808	.8814	.8820	.8825	.8831	.8837	.8842	.8848	.8854	.8859
7.7	.8865	.8871	.8876	.8882	.8887	.8893	.8899	.8904	.8910	.8915
7.8	.8921	.8927	.8932	.8938	.8943	.8949	.8954	.8960	.8965	.8971
7.9	.8976	.8982	.8987	.8993	.8998	.9004	.9009	.9015	.9020	.9025
8.0	.9031	.9036	.9042	.9047	.9053	.9058	.9063	.9069	.9074	.9079
8.1	.9085	.9090	.9096	.9101	.9106	.9112	.9117	.9122	.9128	.9133
8.2	.9138	.9143	.9149	.9154	.9159	.9165	.9170	.9175	.9180	.9186
8.3	.9191	.9196	.9201	.9206	.9212	.9217	.9222	.9227	.9232	.9238
8.4	.9243	.9248	.9253	.9258	.9263	.9269	.9274	.9279	.9284	.9289
8.5	.9294	.9299	.9304	.9309	.9315	.9320	.9325	.9330	.9335	.9340
8.6	.9345	.9350	.9355	.9360	.9365	.9370	.9375	.9380	.9385	.9390
8.7	.9395	.9400	.9405	.9410	.9415	.9420	.9425	.9430	.9435	.9440
8.8	.9445	.9450	.9455	.9460	.9465	.9469	.9474	.9479	.9484	.9489
8.9	.9494	.9499	.9504	.9509	.9513	.9518	.9523	.9528	.9533	.9538
9.0	.9542	.9547	.9552	.9557	.9562	.9566	.9571	.9576	.9581	.9586
9.1	.9590	.9595	.9600	.9605	.9609	.9614	.9619	.9624	.9628	.9633
9.2	.9638	.9643	.9647	.9652	.9657	.9661	.9666	.9671	.9675	.9680
9.3	.9685	.9689	.9694	.9699	.9703	.9708	.9713	.9717	.9722	.9727
9.4	.9731	.9736	.9741	.9745	.9750	.9754	.9759	.9763	.9768	.9773
9.5	.9777	.9782	.9786	.9791	.9795	.9800	.9805	.9809	.9814	.9818
9.6	.9823	.9827	.9832	.9836	.9841	.9845	.9850	.9854	.9859	.9863
9.7	.9868	.9872	.9877	.9881	.9886	.9890	.9894	.9899	.9903	.9908
9.8	.9912	.9917	.9921	.9926	.9930	.9934	.9939	.9943	.9948	.9952
9.9	.9956	.9961	.9965	.9969	.9974	.9978	.9983	.9987	.9991	.9996

本書で用いられる主な公式

第1章 数と関数

平方根 $a>0$、$b>0$、$k>0$ のとき、

(1) $\sqrt{a} \times \sqrt{b} = \sqrt{a \times b}$ とくに、$(\sqrt{a})^2 = \sqrt{a^2} = a$

(2) $\sqrt{k^2 a} = k\sqrt{a}$ (3) $\dfrac{\sqrt{a}}{\sqrt{b}} = \sqrt{\dfrac{a}{b}}$

累乗根 $a>0$ に対して $(\sqrt[n]{a})^n = a$

絶対値 実数 a, b について

(1) $|a| \geqq 0$ ただし、$|a| = 0 \iff a = 0$ (2) $|-a| = |a|$

(3) $a \geqq 0$ のとき $|a| = a$、$a < 0$ のとき $|a| = -a$

(4) $|a| \geqq a$ 等号は $a \geqq 0$ のとき成り立つ

(5) $|a|^2 = a^2$ (6) $|a||b| = |ab|$ (7) $\dfrac{|b|}{|a|} = \left|\dfrac{b}{a}\right|$

(8) $|a+b| \leqq |a| + |b|$ 等号は $ab \geqq 0$ のとき成立

複素数の絶対値

複素数 $z = a + bi$ に対して、$|z| = |a + bi| = \sqrt{a^2 + b^2}$

複素数平面上の距離

$z = a + bi$、$w = c + di$ とする。2点 $P(z)$ と $Q(w)$ の距離 PQ は、

$PQ = |w - z| = \sqrt{(c-a)^2 + (d-b)^2}$

第2章 三角関数

三角関数の相互関係

(1) $\tan\theta = \dfrac{\sin\theta}{\cos\theta}$ (2) $\cos^2\theta + \sin^2\theta = 1$ (3) $1 + \tan^2\theta = \dfrac{1}{\cos^2\theta}$

三角関数の性質 n を整数として、

(1) $\begin{cases} \sin(\theta + 2n\pi) = \sin\theta \\ \cos(\theta + 2n\pi) = \cos\theta \\ \tan(\theta + 2n\pi) = \tan\theta \end{cases}$ (2) $\begin{cases} \sin(-\theta) = -\sin\theta \\ \cos(-\theta) = \cos\theta \\ \tan(-\theta) = -\tan\theta \end{cases}$

(3) $\begin{cases} \sin(\frac{\pi}{2} - \theta) = \cos\theta \\ \cos(\frac{\pi}{2} - \theta) = \sin\theta \\ \tan(\frac{\pi}{2} - \theta) = \dfrac{1}{\tan\theta} \end{cases}$
(4) $\begin{cases} \sin(\frac{\pi}{2} + \theta) = \cos\theta \\ \cos(\frac{\pi}{2} + \theta) = -\sin\theta \\ \tan(\frac{\pi}{2} + \theta) = -\dfrac{1}{\tan\theta} \end{cases}$

加法定理

(1) $\sin(\alpha + \beta) = \sin\alpha\cos\beta + \cos\alpha\sin\beta$

(2) $\sin(\alpha - \beta) = \sin\alpha\cos\beta - \cos\alpha\sin\beta$

(3) $\cos(\alpha + \beta) = \cos\alpha\cos\beta - \sin\alpha\sin\beta$

(4) $\cos(\alpha - \beta) = \cos\alpha\cos\beta + \sin\alpha\sin\beta$

第3章 指数関数・対数関数

指数 $a>0$ で、m は整数、n は自然数のとき、

(1) $a^0 = 1$ (2) $a^{-n} = \dfrac{1}{a^n}$ (3) $a^{\frac{m}{n}} = \sqrt[n]{a^m}$

指数法則 $a>0$、$b>0$ で、x, y が実数のとき、

(1) $a^x \times a^y = a^{x+y}$ (2) $(a^x)^y = a^{x \times y}$ (3) $(ab)^x = a^x b^x$

対数 $a>0$, $a \neq 1$, $M>0$ のとき、 $a^p = M \iff p = \log_a M$

(1) $\log_a a^p = p$ (2) $a^{\log_a M} = M$

対数の基本公式 $M>0$、$N>0$ で、k は実数とする。

(1) $\log_a MN = \log_a M + \log_a N$ (2) $\log_a \dfrac{M}{N} = \log_a M - \log_a N$

(3) $\log_a M^k = k \log_a M$

底の変換公式 a, b, c は正の数で、$a \neq 1$、$c \neq 1$ とするとき、

$$\log_a b = \dfrac{\log_c b}{\log_c a}$$

第4章 微分

微分係数 $x = a$ における $y = f(x)$ の微分係数は、

$$f'(a) = \lim_{h \to 0} \dfrac{f(a+h) - f(a)}{h}$$

であり、これは「$x = a$ における接線の傾き」

導関数　関数$f(x)$の導関数$f'(x)$は、
$$f'(x) = \lim_{h \to 0} \frac{f(x+h) - f(x)}{h}$$

微分の性質　2つの関数$y = f(x)$、$y = g(x)$と実数kについて、
(1) $\{kf(x)\}' = kf'(x)$
(2) $\{f(x) + g(x)\}' = f'(x) + g'(x)$

合成関数の微分
2つの関数$y = f(u)$、$u = g(x)$の合成関数$y = f(g(x))$に対して、
$$\{f(g(x))\}' = f'(u)g'(x) = f'(g(x))g'(x)$$
ここで、$f'(u)$は$f(u)$をuで微分している。

微分の公式
(1) $(x^n)' = nx^{n-1}$、　cが定数のとき　$(c)' = 0$
(2) $(\sin x)' = \cos x$、　　$(\cos x)' = -\sin x$
(3) $(\log_a x)' = \dfrac{1}{x \log a}$、　$(\log x)' = \dfrac{1}{x}$
(4) $(a^x)' = a^x \log a$、　　$(e^x)' = e^x$

第5章　オイラーの公式

等比数列　初項a, 公比rの等比数列
第n項a_nは、　$a_n = ar^{n-1}$
初項から第n項までの和S_nは、$\begin{cases} r \neq 1 \text{ のとき } S_n = \dfrac{a(1-r^n)}{1-r} \\ r = 1 \text{ のとき } S_n = na \end{cases}$

無限等比級数の和　$a \neq 0$, $|r| < 1$のとき、
$$a + ar + ar^2 + \cdots\cdots + ar^{n-1} + \cdots\cdots = \frac{a}{1-r}$$

ベキ級数展開
$$\sin x = x - \frac{1}{3!}x^3 + \frac{1}{5!}x^5 - \frac{1}{7!}x^7 + \cdots\cdots + \frac{(-1)^n}{(2n+1)!}x^{2n+1} + \cdots\cdots$$
$$\cos x = 1 - \frac{1}{2!}x^2 + \frac{1}{4!}x^4 - \frac{1}{6!}x^6 + \cdots\cdots + \frac{(-1)^n}{(2n)!}x^{2n} + \cdots\cdots$$
$$e^x = 1 + \frac{1}{1!}x + \frac{1}{2!}x^2 + \frac{1}{3!}x^3 + \cdots\cdots + \frac{1}{n!}x^n + \cdots\cdots$$

オイラーの公式　$e^{ix} = \cos x + i \sin x$

【著者プロフィール】
佐藤　敏明（さとう・としあき）
1950年生まれ。1976年に電気通信大学・物理工学科大学院修士課程修了後、都立高校教諭を勤め、2016年に退職する。著書に、『図解雑学 三角関数』『図解雑学 指数・対数』『図解雑学 微分積分』『図解雑学 フーリエ変換』『これならわかる！図解 場合の数と確率』（以上ナツメ社）など多数。

文系編集者がわかるまで書き直した
世界一美しい数式「$e^{i\pi}=-1$」を証明する

2019年4月30日　初版第1刷発行

著　者　――　佐藤　敏明
　　　　　　　Ⓒ2019 Toshiaki Sato
発行者　――　張　士洛
発行所　――　日本能率協会マネジメントセンター
〒103-6009 東京都中央区日本橋2-7-1　東京日本橋タワー
TEL 03(6362)4339（編集）／03(6362)4558（販売）
FAX 03(3272)8128（編集）／03(3272)8127（販売）
http：／／www.jmam.co.jp／

装　　　丁　――　岩泉卓屋
本文デザイン　――　土屋章
本文ＤＴＰ　――　株式会社森の印刷屋
印　　　刷　――　シナノ書籍印刷株式会社
製　　　本　――　株式会社宮本製本所

本書の内容の一部または全部を無断で複写複製（コピー）することは、法律で認められた場合を除き、著作者および出版者の権利の侵害となりますので、あらかじめ小社あて許諾を求めてください。

ISBN978-4-8207-2719-4 C3041
落丁・乱丁はおとりかえします。
PRINTED IN JAPAN